GPM Deutsche Gesellschaft für Projektmanagement e. V.

PROJEKTMANAGER'S „MOMENTS OF EXCELLENCE"

Idee und Zusammenstellung von Dieter Hirsch mit
Cartoons von Erik Liebermann

IMPRESSUM

Hirsch, Dieter: Projektmanager's „Moments of Excellence“

Idee und Zusammenstellung von Dieter Hirsch mit
Cartoons von Erik Liebermann

1. Auflage 2008
2. Auflage 2010

GPM Deutsche Ges. für Projektmanagement e. V.
ISBN 978-3-924841-39-3

REALISIERUNG / LAYOUT
Dr. Dietmar Lange, Dipl.-Bibl. (FH) Johannes Seifert

DRUCK
Druck & Kalendermarketing Sosset GmbH, Kißlegg

ZWEI VORZITATE

Nicht Sprüche sind es, woran es fehlt; die Bücher sind voll davon.
Woran es fehlt, sind Menschen, die sie anwenden.

Epiktet, griechischer Philosoph

Was immer Du tun kannst oder erträumst zu können, beginne es.
Kühnheit besitzt Genie, Macht und magische Kraft.
Beginne es jetzt.

Johann Wolfgang von Goethe, deutscher Dichter

VORWORT ZUR 2. AUFLAGE

Das Buch hat erfreulicherweise großes Interesse erfahren, und das nicht nur bei den Projektmanagern, für die es ursprünglich gedacht war.

Projektmanager´s „Moments of Excellence" ist eine umfangreiche Zusammenstellung von Zitaten, Sprüchen, Aphorismen und Weisheiten zum Projektmanagement. Inhalte wie auch Auswahl machen das Ganze zu einer vergnüglichen Komposition, die in der Zuordnung zum Projektmanagementleben oft eine neue Sicht ergibt.

Mit passenden Zitaten schmücken Sie jede Präsentation. Nutzen Sie doch Zitate aus „Projektmanager's Moments of Excellence". Die sorgen dafür, dass Ihre Zuhörer Sie für einen kompetenten Redner und hervorragenden Rhetoriker halten.

Mit der 2. Auflage konnten weitere Inhalte hinzugefügt werden für noch mehr spannende „Moments of Excellence".

Ich bin sicher, dass dieses Zitatenwerk im handlichen Format Sie auch über das umfangreiche Projektmanagementleben hinaus begleiten wird, um hier und da den jeweils passenden „Spruch" parat zu haben – oder auch nur mal, um die Seele des Projektmanagers zu streicheln.

Es gibt viel zu entdecken, zu staunen und zu schmunzeln – lassen Sie sich überraschen!

Stuttgart, im September 2010 Dieter Hirsch

JONGLIEREN – EINE METAPHER ZUM PROJEKTMANAGEMENT

Jonglieren ist eine passende Metapher, um den Prozess der Projektentwicklung zu beschreiben. Für das Jonglieren werden normalerweise mindestens drei Gegenstände benötigt, wobei der Anzahl der Objekte natürlich keine Grenzen gesetzt sind. Wenn Sie das erste Mal jonglieren, werden Sie feststellen, dass Sie jeden einzelnen Ball mit den Augen verfolgen, wenn Sie ihn auffangen und werfen. Als Fortgeschrittener beginnen Sie, sich auf den Fluss der Bälle anstatt auf jeden einzelnen Ball zu konzentrieren. Wie lässt sich dies nun mit dem Projektmanagement vergleichen?

Beim Projektmanagement erfordern unterschiedliche Rollen das Jonglieren von verschiedenen Aufgaben: Projektmanager jonglieren zum Beispiel Kosten, Ressourcen und Termine. Man kann natürlich immer versuchen, noch mehr Objekte zu jonglieren, aber Jonglierschüler werden Ihnen bestätigen, dass jeder weitere Ball die Schwierigkeit, alle Bälle in der Luft zu halten, exponentiell erhöht. Technisch gesehen sind Sie kein wirklicher Jongleur, wenn Sie mit weniger als drei Bällen arbeiten. Wenn Sie alle Aspekte im Auge behalten, werden Sie feststellen, dass Sie sich anfangs jeweils auf einen der Aspekte konzentrieren müssen.

Durch tägliche Übung ist dies schließlich nicht mehr notwendig, da alle drei zu einem integralen Bestandteil Ihrer Arbeitsweise geworden sind. Wenn Sie die drei Aspekte vollständig beherrschen, können Sie weitere Objekte aufnehmen und Ihre Bemühungen entsprechend konzentrieren. Wie beim Jonglieren macht auch hier die Übung den Meister.

In Anlehnung an die Veröffentlichung von Gregor Noriskin

ÜBUNG

INHALTSVERZEICHNIS

PROJEKTMANAGEMENT

Projektmanagement ist keine reine Wissenschaft. An Projekten sind Menschen beteiligt; demzufolge gibt es immer komplexe Zusammenhänge und Unsicherheiten, die nicht in vollem Umfang kontrolliert werden können. So gesehen ist Projektmanagement einerseits eine Kunst, welche Flexibilität und Kreativität verlangt. Andererseits ist Projektmanagement eine Wissenschaft, weil es auf bewährten, wiederholbaren Prozessen und Techniken aufbaut. Ob Kunst oder Wissenschaft, es herrschen harte Zeiten – die Budgets werden immer knapper, die Projekte immer komplexer und die Kunden immer anspruchsvoller. Folglich sind Sie als Projektmanager auf Führungserfahrung, gutes Urteilsvermögen, zwischenmenschliche Fähigkeiten und persönliche Intuition angewiesen. Die folgenden Zitate zum Projektmanagement unterstreichen die Herausforderungen, die diesem Thema zu Grunde liegen.

5 Thesen zum Thema Projektmanagement

1. Alles ruft nach einem starken Projektmanager, so lange bis er an Bord ist – dann will ihn keiner mehr haben.
2. Nichts ist unmöglich für den, der es nicht umzusetzen hat.
3. Die ersten 90% eines Projektes beanspruchen 90% der Zeit – für die restlichen 10% werden weitere 90% benötigt.
4. Wenn Sie nicht wissen, wie eine Aufgabe umzusetzen ist, fangen Sie einfach an – diejenigen, die weniger wissen als Sie, werden Ihnen anschließend ohnehin sagen, was Sie zu tun haben.
5. Projekte laufen in zwei möglichen Phasenabfolgen ab
   a) Planung und Implementierung oder
   b) Implementierung, Stopp, Planung und Implementierung

Frei nach Mike Harding Roberts, aus „Project Management Truths“ [1]

Projektmanagement ist....

- Einsetzen/Umsetzen von Erfahrungen
- Beachten von einfachen bekannten „basics“
- aktive Kommunikation zu / mit allen
- Schaffung einer Vertrauensbasis
- mehr Management statt Fachkompetenz

Falterbacher, Project Manager

Bryce's Law: It must be remembered that project management is first and foremost a philosophy of management, not an elaborate set of tools and techniques. It will only be as effective as the people who use it.

Tim Bryce, amerikanischer Management Consultant

Projektmanagement ist die Kunst, ein hehres Ziel in unbekanntem Fahrwasser in neuer Weltjahresbestzeit zu erreichen.

Olaf Hinz, ehemaliger Büroleiter von Peer Steinbrück,
aus „Projektmanagement jenseits der Planwirtschaft“

Projektmanagement ist die Kunst, mit 10 Fingern 11 Korken unter Wasser zu halten.

Gerhard Pews, IT-Berater, sd&m AG

Die Kunst des Projektmanagements besteht darin, vier Bereiche zu integrieren und zu bündeln: Menschen, Bedarfe, Ideen und Ressourcen. Und genau daran – so simpel das hier auch klingt – scheitern viele Maßnahmen. Die Abweichungen im Auge behalten, sie zu analysieren und Entscheidungen daraus abzuleiten, ist die Kunst des Projektmanagements.

Dr. Maria Lüttringhaus, aus „Förderung von
Partizipation durch integrierte Kommunalpolitik“

Projektmanagement ist ein wenig, wie sich das Rauchen abzugewöhnen: leicht zu begreifen, schwer zu tun.

Bernhard Bauer, Universität Augsburg,
VL SS 2007 „Projektmanagement: Einführung“, S.14

Projektmanagement ist primär die Kunst, die gewünschte Arbeit durch Menschen innerhalb der versprochenen Zeit und der zur Verfügung stehenden Mittel mit Erfolg durchzuführen.

Prof. Heinz-Hermann Koelle, TU Berlin

Der Nutzen eines guten Projektmanagements liegt darin, dass Sie Standardprozesse und Verfahren zur Hand haben, um mit unvorhergesehenen Ereignissen fertig zu werden.

Quelle: tenstep.ch/0.0.1_nutzen_des_projektmanagements

Projektmanagement ist eine Disziplin, in der man mit Disziplin und Methode zum Erfolg kommt.

Fred Schröder, Schröder Consultants

Projektmanagement ist geplantes Wunschdenken.

Klaus Vollrath, freier Journalist

Project management with lot of documents is not project management.

Quelle: en.wikiquote.org/wiki/Project_management

Die Kunst des Projektmanagements besteht darin, „harte" und „weiche" Faktoren systematisch und kombiniert zu steuern.

Quelle: evolog.de

Für erfolgreiches Projektmanagement sind drei Komponenten erforderlich: Bewährte Methoden, unterstützende Tools und Projektmanagementkultur.

Quelle: inteco.de

Projektmanagement kostet etwas, kein Projektmanagement kostet etwas mehr.

Prof. Heinz Schelle, Chefredakteur „Projektmanagement aktuell"

Angebot/Projektauftrag

Das Gesetz der Wirtschaft verbietet es, für wenig Geld viel Wert zu erhalten. Nehmen Sie das niedrigste Angebot an, müssen Sie für das Risiko, das sie eingehen, etwas hinzurechnen. Und wenn Sie das tun, haben Sie auch genug Geld, um für etwas Besseres zu bezahlen.

John Ruskin, englischer Schriftsteller und Kunsthistoriker

Ich prüfe jedes Angebot, es könnte die Chance meines Lebens sein.

Henry Ford, amerikanischer Automobilindustrieller

Saysches Gesetz: Jedes Angebot erzeugt seine eigene Nachfrage.

Jean-Baptiste Say, französischer Ökonom

Der Rat ist eine Droge auf dem Markt: das Angebot übersteigt immer die Nachfrage.

Josh Billings, eigentlich Henry Wheeler Shaw, amerikanischer Humorist

Das Anbieten und Liefern einer Dienstleistung erfordert ein Denken „mit den Augen und Erwartungen des Kunden."

Michael Ch. Sachs, GF Sachs+Partner GmbH

Angebote sind schriftliche Verkaufsgespräche.

Peter Schreiber, schreiber-training.de

Rufe nur das aus, was du auch verkaufst.

Chinesisches Sprichwort

What is not on paper has not been said.
(Was nicht auf dem Papier steht, wurde nie gesagt)

Mike Harding Roberts, aus „Project Management Proverbs“[1]

Ziele/Zielsetzung

Nimm dir eine Minute Zeit:
Schau dir deine Ziele an.
Schau dir deine Leistung an.
Sieh zu, ob dein Verhalten deinen Zielen entspricht.

Blanchard und Johnson, aus „Der Minutenmanager"

Wir leben in einer Zeit vollkommener Mittel und verworrener Ziele.

Albert Einstein, deutscher Physiker

Achte drauf, dass du die richtigen Mittel wählst, dann wird sich das Ziel von selbst einstellen.

Mahatma Gandhi, indischer Menschenrechtler

Die neuen Ziele schneller Zeiten lassen sich nur mit hochflexiblen, selbstbewussten Menschen erreichen – nicht mit zögerlichen Ja-Sagern. ...

Gertrud Höhler, deutsche Management- und Kommunikationsberaterin

Ohne Ziel kein Treffer!

Werner Siegert, aus „Die Technik des Zielsetzens"

Die „Nicht-Ziel Definition" ist in vielen Fällen wichtiger geworden als die eigentliche Zieldefinition. Sie müssen das Projekt abgrenzen.

Aus Interviews mit erfahrenen Projektleitern und CIO's [2]

Viele verfolgen hartnäckig den Weg, den sie gewählt haben, aber nur wenige das Ziel.

Friedrich Nietzsche, deutscher Philosoph

Nachdem wir das Ziel aus unseren Augen verloren hatten, verdoppelten wir unsere Anstrengungen.

Mark Twain, amerikanischer Schriftsteller

Die Schwierigkeiten wachsen, je näher man dem Ziele kommt.

Johann Wolfgang von Goethe, deutscher Dichter

Kein Ziel ist so hoch, dass es unwürdige Methoden rechtfertigte.

Albert Einstein, deutscher Physiker

Zu wenig strukturierte und herausgearbeitete Projektziele stellen das Projekt von Anfang an auf dünne Füße.

Aus Interviews mit erfahrenen Projektleitern und CIO's [2]

Wer das Ziel ändert, gleicht einem Schützen, der die Zielscheibe dort hinhängt, wo er hingeschossen hat

Werner Siegert, aus „Die Technik des Zielsetzens“

Ein Ziel ist ein Traum mit einem Termin.

Harvey Mackay, amerikanischer Autor

Der gerade Weg ist der kürzeste, aber es dauert meist am längsten, bis man auf ihm zum Ziele gelangt.

Georg Christoph Lichtenberg, deutscher Schriftsteller

Dem weht kein Wind, der keinen Hafen hat, nach dem er segelt.

Michel de Montaigne, französischer Schriftsteller, Essayist u. Philosoph

Nicht der Wind, sondern das Segel bestimmt die Richtung.

Chinesisches Sprichwort

Wer ein Ziel hat, der nimmt auch schlechte Straßen in Kauf.

Kyrilla Spieker, Autorin, Schwester aus der Benediktinerinnenabtei Herstelle (Weser)

Wer das Ziel nicht weiß, kann den Weg nicht haben.

Christian Morgenstern, deutscher Dichter

Ziele setzen unser Verhalten in Gang.
Konsequenzen halten unser Verhalten in Gang.

Blanchard und Johnson, aus „Der Minutenmanager"

Der ans Ziel getragen wurde, darf nicht glauben, es erreicht zu haben.

Marie von Ebner-Eschenbach, österreichische Schriftstellerin

Die hohe Kunst des Zielsetzens besteht in der Tat darin, Ziele zu erarbeiten, die eine hohe Anziehungskraft entwickeln.

Werner Siegert, aus „Die Technik des Zielsetzens"

Man muss sich einfache Ziele setzen, dann kann man sich komplizierte Umwege erlauben.

Charles de Gaulle, französischer General und Politiker

Der Erfolgreiche überprüft seine Begabungen und Fähigkeiten, ehe er sein Ziel steckt.

Vera F. Birkenbihl, deutsche Psychologin, Managementtrainerin und Sachbuchautorin

Über das Ziel hinausschießen ist eben so schlimm, wie nicht ans Ziel kommen.

Konfuzius, chinesischer Philosoph

Vom Ziel haben viele Menschen einen Begriff, nur möchten sie es gerne schlendernd erreichen.

Johann Wolfgang von Goethe, deutscher Dichter

Die Qualität unserer Ziele bestimmt die Qualität unserer Zukunft.

Josef Schmidt, Management-Trainer

Der Mensch ist ein zielstrebiges Wesen, aber meistens strebt es zu viel und zielt zu wenig.

Günter Radtke, deutscher Journalist und Schriftsteller

In seinem Buch „Die Kraft der Faszination" schreibt Wolf W. Lasko unter Klarheit der Ziele : „Ziel kommt von dem Wortstamm „ziehen, zu etwas ziehen". Ziele ziehen zu etwas hin. Daraus erklärt sich auch die Trägheit mancher Menschen. Trägheit ist das Resultat von Zielen ohne Antriebskraft. Und lesen Sie das Wort „Leben" einmal rückwärts, dann wissen Sie, wohin solche Ziele führen: in den Nebel."

Wolf W. Lasko, „Die Kraft der Faszination", Gabler 1995, S. 46

Projektstart/Kick-off

Wie kommt ein Pipelinekonsortium zu dem klangvollen Namen Nabucco? Die Antwort ist einfach: In der Anfangphase des Projekts trafen sich die beteiligten Partner am Sitz des Konsortialführers, des österreichischen Ölkonzerns OMV, in Wien. Nach anstrengenden Beratungen suchten die Herren am Abend Entspannung in der Staatsoper. Gegeben wurde Guiseppe Verdis Oper „Nabucco“. Es sei eine glanzvolle, bewegende Aufführung gewesen, berichteten Beteiligte noch heute.
Als bei der Fortsetzung der Verhandlungen am nächsten Tag die Frage aufkam, welchen Namen man dem Pipelineprojekt geben solle, fiel die Wahl einstimmig auf Nabucco.

Pipelineprojekt Nabucco, aus Stuttgarter Zeitung 04.12.07, S. 14

Aller Anfang ist leicht, und die letzten Stufen werden am schwersten und seltensten erstiegen.

Johann Wolfgang von Goethe, deutscher Dichter

Nicht weil es schwer ist, wagen wir es nicht,
sondern weil wir's nicht wagen, ist es schwer.

Lucius Annaeus Seneca, römischer Philosoph,
Dramatiker, Naturforscher und Staatsmann

Anfangen im Kleinen, Ausharren in Schwierigkeiten, Streben zum Großen.

Alfred Krupp, deutscher Industrieller

Projektstartsitzung

Der Anfang ist die Hälfte des Ganzen!

Aristoteles, griechischer Philosoph

Beim Beginn einer Unternehmung und unweit des Zieles ist die Gefahr des Misslingens am größten. Wenn Schiffe scheitern, geschieht es nahe am Ufer.

Ludwig Börne, deutscher Schriftsteller und Kritiker

Das Reizvolle an unserer Aufgabe ist, dass man gar nicht weiß, wo man anfangen soll.

Quelle: unbekannt

Das Parouzzi-Prinzip: Nach einem schlechten Start vermehren sich die Probleme sofort im Quadrat.

Arthur Bloch, aus „Schiefe Gründe – Murphy's Gesetz"

Bevor zum Anfang kein tüchtiger Grund gelegt ist, halte ich es für ein eitles Benehmen, über das Ende auch nur ein Wort zu verlieren.

Demosthenes, griechischer Redner u. Staatsmann

Nicht alle, die am Ziel ankommen, sind am Start losgelaufen.

Michael Richter, aus Aphorismensammlung „Wortbruch", verbum-Verlag Berlin 1993

Der Mann, der den Berg abtrug, war derselbe, der damit angefangen hatte, kleine Steine wegzutragen.

Chinesisches Sprichwort

Sieger erkennt man am Start – den Verlierer auch.

Dieter Lange, Trainer von Führungsseminaren

Also bereiten Sie einen neuen Start vor: Halten Sie fest, was Sie bisher

1. gut gemacht haben,
2. weniger gut gemacht haben und
3. was Sie ab sofort anders/besser machen werden.

Nehmen Sie Ihr Notebook und schreiben Sie im Kapitel „Initiative ergreifen“ Ihre guten Vorsätze auf.

Aus „Wolf Prozessmanagement-Training“

Womit beginnen? Ich fühle mich ein wenig wie der Sohn des arabischen Scheichs, der Geburtstag hatte. Sein Vater wusste nicht, was er ihm schenken sollte. Denn der Prinz hatte schon alles. Da kam ihm eine Idee: Ich schenke ihm einen Harem. Nachdem er das Geschenk überreicht hatte, ließ der Scheich seinen Sohn allein. Einige Zeit später bemerkte er, wie der junge Mann nachdenklich vor seiner Haremstür stand. „Was ist los, mein Junge?“ fragte der Scheich. „Weißt du nicht, was du mit dem Geschenk anfangen sollst?“ – „Das ist es nicht, Vater“, erwiderte der Sohn, „ich weiß bloß nicht, wo ich anfangen soll.“

Sylvia Simmons, amerikanische Redenschreiberin
und Publizistin, gefunden bei zitate.de

Finde einen Weg, und wenn du keinen findest, öffne dir einen.

Aristoteles Onassis, griechischer Reeder

Projects don't all fail in the end, they fail at the beginning.

Mike Harding Roberts, aus „Project Management Truths“ [1]

Wenn Du wenig Zeit hast, dann nimm Dir am Anfang viel davon.

Ruth C. Cohn, Begründerin der TZI-Methode

Freund, bedenke zuerst, was es ist, das du tun willst.

Epiktet, griechischer Philosoph

The project would not have been started if the truth had been told about the cost and time scale.

Mike Harding Roberts, aus „Project Management Truths“ [1]

Das größte Glück ist die Chance eines neuen Starts.

Raymond Hull, britisch-kanadischer Schriftsteller

Wer das erste Knopfloch verfehlt, kommt mit dem Zuknöpfen nicht zu Rande.

Johann Wolfgang von Goethe, deutscher Dichter

Bei jedem neuen Projekt gibt es etwa 50 Dinge, die man falsch machen kann. Wenn man ein Genie ist, kann man 25 davon im voraus erkennen und vermeiden.
Für die weiteren 25 braucht man Glück.

Dominik Lochmann, www.biebel.de

Plan(ung)/Aufwandschätzung/Kosten

Je üppiger die Pläne blühen, um so verzwickter wird die Tat.

Erich Kästner, deutscher Schriftsteller

Der Teilprojektleiter trommelt seine Leute zusammen: „Wir müssen einen 50 Meter hohen Rauchfang bauen." Die Arbeiter spucken in die Hände, klotzen ran. Als sie die Höhe von 45 Metern geschafft haben, taucht plötzlich der Teilprojektleiter wieder auf und brüllt: „Kommando zurück! Ich hab den Plan verkehrt rum gehalten. Es sollte ein Brunnen werden!"

Aus Informatik.uni-wuerzburg.de,
„Humor und Zitate zum Projektmanagement"

Ein Werk erfordert umso mehr Vorarbeit, je bedeutender und schwieriger es ist.

Quelle: projektmanagementzitate.de

Entscheide lieber ungefähr richtig als genau falsch.

Johann Wolfgang von Goethe, deutscher Dichter

Planung ist die Lust der Vernunft, Improvisieren die Wonne der Fantasie.

Quelle: unbekannt

Wenn über das Grundsätzliche keine Einigkeit besteht, ist es sinnlos, miteinander Pläne zu machen.

Konfuzius, chinesischer Philosoph

Wer hohe Türme bauen will, muss lange beim Fundament verweilen.

Anton Bruckner, österreichischer Komponist

Ich habe noch kein Projekt erlebt, wo man rechtzeitig fertig geworden wäre – planmäßig, so wie geplant, so viele Programme pro Tag oder pro Einheit etc....

Aus Interviews mit erfahrenen Projektleitern und CIO's [2]

Plans are nothing; planning is everything.

Dwight D. Eisenhower, 34. Präsident der Vereinigten Staaten von Amerika

Je planmäßiger ein Mensch vorgeht, desto wirksamer vermag ihn der Zufall zu treffen.

Friedrich Dürrenmatt, schweizer Schriftsteller und Dramatiker

Unsere Hauptaufgabe ist nicht, zu erkennen, was unklar in weiter Entfernung liegt, sondern zu tun, was klar vor uns liegt.

Thomas Carlyle, schottischer Essayist und Historiker

Projektplan erstellt – ist wunderbar, aber er lebt, wird geändert, wird gestrichen!

Aussage eines QS-Beauftragten

Dieselbe Arbeit unter denselben Bedingungen wird von 10 Schätzern unterschiedlich geschätzt werden oder von einem Schätzer unterschiedlich zu 10 verschiedenen Zeitpunkten.

Quelle: projektmanagementzitate.de

Gegen das Fehlschlagen eines Plans gibt es keinen besseren Trost, als auf der Stelle einen neuen zu machen.

Jean Paul, deutscher Schriftsteller

Niemand plant zu versagen, aber die meisten versagen beim Planen.

Lee Iacocca, amerikanischer Topmanager in der Automobilindustrie

Consequences of poor planning include:
- Project initiation without defined requirements
- Wild enthusiasm
- Chaos
- Search for the guilty
- Punishment of the innocent
- Promotion of nonparticipants

Harold Kerzner, aus „Project Management“, Eight Edition, p. 378

Plane das Schwierige da, wo es noch leicht ist!
Tue das Große da, wo es noch klein ist!

Laotse, chinesischer Philosoph

Mit Menschen, die nach anderen Zielen streben, kann man auch nicht gemeinsam Pläne machen.

Konfuzius, chinesischer Philosoph

Heutzutage genügt es schon, wenn man Pläne hat. Nach der Verwirklichung fragt kaum noch jemand.

Jacques Tati, französischer Schauspieler

Der Gebildete treibt die Genauigkeit nicht weiter, als es der Natur der Sache entspricht.

Aristoteles, griechischer Philosoph

Solide Planung ist die Grundlage für eine geniale Improvisation.

Jean-Paul Blum, keine weitere Angaben

Abschätzen ist eine Kunst des Denkens, bei der du eine Strategie entwickeln musst. Du brauchst die Aufgabe nicht exakt berechnen, aber die Antwort sollte nahe am richtigen Ergebnis sein.

Projektmanagementweisheit

Wer unter euch, der einen Turm bauen will, setzt sich nicht vorher hin und berechnet die Kosten, ob er das Nötige zur Ausführung habe?

Lukas 14,28

Ein Projekt darf nie kürzer und günstiger als geplant sein.

Claude-Henri de Saint-Simon, französischer Autor

Alles ist möglich. Wenn man es ohne Rücksicht auf den Aufwand erreichen will.

Peter Hohl, deutscher Journalist und Verleger

Damit letztendlich die Schätzung stimmt, ist das ganze Sammelsurium „Projektmanagement“ dahinter.

Aus Interviews mit erfahrenen Projektleitern und CIO's [2]

Besser als der Plan eines Einzelnen ist der Plan von Zweien.

Chinesisches Sprichwort

Patton’s Gesetz: Heute ein guter Plan ist besser als morgen ein perfekter Plan.

Murphy’s Law

Wer zu spät an die Kosten denkt, ruiniert sein Unternehmen.
Wer immer zu früh an die Kosten denkt, tötet die Kreativität.

Philip Rosenthal, deutscher Industrieller und Politiker

Fixe Ideen führen rasch zu fixen Kosten.

Prof. Dr. Hans-Jürgen Quadbeck-Seeger, deutscher Chemiker

Also da gibt es diese „High Level“-Anforderungen: „Wir brauchen ein System, welches das und das kann.“ Und spätestens zu diesem Zeitpunkt kommt die Frage: „Was kostet das ?“

Aus Interviews mit erfahrenen Projektleitern und CIO's [2]

Warren's Regel :
Willst du den Fachmann herausfinden, nimm den, der die meiste Zeit braucht und die höchsten Kosten für eine Sache voraussagt.

Murphys Naturgesetze

Kein Plan überlebt die erste Feindberührung.

Helmuth Karl Bernhard Graf von Moltke, preussischer Generalfeldmarschall

Meilensteine/Termine

Jeder Milestone ist „binary". Entweder ist er geschafft – oder nicht.

Steve McConnell, amerikanischer Autor, Software Engineering

Fehlschläge und Niederlagen sind die Meilensteine auf dem Weg zum Erfolg.

Chinesisches Sprichwort

Jedes Ziel ist ein Meilenstein auf dem Weg zur Vision.

Wolf W. Lasko, aus „Die Kraft der Faszination"

Gesunder Menschenverstand:

- Ein Projekt braucht sowohl Ziele als auch Termine.
- Sie sollten sich voneinander unterscheiden.

Tom DeMarco, aus „DER TERMIN", Hanser 1998, S. 261

Je länger man vor der Tür zögert, desto fremder wird man.

Franz Kafka, österreichischer Schriftsteller

Von einem gewissen Punkt an gibt es keine Rückkehr mehr. Dieser Punkt ist zu erreichen.

Franz Kafka, österreichischer Schriftsteller

Je lächerlicher der Termin, desto teurer der Versuch, ihn zu halten.

Quelle: spruecheportal.de/Managementweisheiten

Meilenstein-Trend...

Du kannst einen Dummkopf in die Verpflichtung zu einem unvernünftigen Termin treiben, aber du kannst ihn nicht antreiben, ihn zu halten.

Quelle: spruecheportal.de

If things seem under control, your are just not going fast enough.

Mario Andretti, italienische Formel-1-Legende

If you're 6 months late on a milestone due next week but really believe you can make it, you're a project manager.

Quelle: en.wikiquote.org/wiki/Project_management

Es kommt nicht darauf an, Termine einzutragen, sondern Ergebnisse.

Helmut L. Clemm, Arbeitsmethodiker

Das einzige Projekt, das ich vor der Zeit fertig gebracht habe, war ein Projekt, bei dem man mir keinen Termindruck auferlegt hat.

Aus Interviews mit erfahrenen Projektleitern und CIO's [2]

Wenn man so eine volumetrische Fortschrittsmessung macht, dann ist es mir als Projektleiter völlig egal, wenn mir ein Projektmitarbeiter wie Sie erklärt, warum er das Einzelergebnis jetzt nicht zum Termin geschafft hat.

Aus Interviews mit erfahrenen Projektleitern und CIO's [2]

Projekte/Projektdurchführung

Projekt: Entwurf, Plan, Vorhaben, Vorschlag; daher Projektemacher: einer, der sich im Entwerfen neuer, meist unsicherer oder unausführbarer Pläne gefällt.

Meyers Konversations-Lexikon 1897

Es gibt Projekte, und es gibt Prozesse. Wer einen Prozess mit einem Projekt verwechselt, der erlebt am Stichtag eine böse Überraschung.

Wilfried Reiter, aus „Die nackte Wahrheit über Projektmanagement"

Optimal wäre es, wenn der Kunde auf technischer Ebene Leute hat, die es selber machen können – das ist das Idealprojekt.

Aus Interviews mit erfahrenen Projektleitern und CIO's [2]

Projekte brauchen Rituale. Rituale helfen, die Aufmerksamkeit auf Projektziele und -ideale zu konzentrieren: kleine Besprechungen, fehlerlose Arbeit usw.

Tom DeMarco, aus „DER TERMIN", Hanser 1998, S. 236

Zu wissen wie man etwas macht, ist nicht schwer.
Schwer ist nur, es zu machen.

Chinesisches Sprichwort

Anwender wollen keine Projekte, sie wollen nutzbringende Systeme.

Aus einem Interview mit einem CIO

Zur Glaubwürdigkeit im Projekt / Glaubensfragen:
Der Auftraggeber glaubt, dass das Projekt die Probleme löst.
Der Auftragnehmer glaubt, dass die Leistung bezahlt wird.
Der Projektleiter glaubt an die Leistung des Teams.
Der Kunde glaubt, dass das Projekt die Ziele erreicht.
Der Projektleiter glaubt, die Ziele des Auftraggebers verstanden zu haben.

Wilfried Reiter, aus „Die nackte Wahrheit über Projektmanagement“

Je weniger das Management von einem Projekt versteht, desto häufiger verlangt es Berichte.

Quelle: Aus „Einhundert Regeln für NASA Projektmanager“

Jede Aufgabe, die irgendeinem Ziel zugeführt werden soll, egal ob in 2 Wochen oder in 5 Jahren, heißt in Amerika Projekt.

Aus Interviews mit erfahrenen Projektleitern und CIO's [2]

Nichts ist so erschreckend, wie nicht wissen und doch handeln.

Johann Wolfgang von Goethe, deutscher Dichter

Projekte, die sich auf die Vermeidung von Fehler konzentriert haben, haben die besten Zeitpläne und die höchste Produktivität.

Steve McConnell, amerikanischer Autor, Software Engineering

Ein Projekt ist eine Nuss. Sie lässt sich nicht zwischen zwei weichen Kissen knacken.

Frei nach Arthur Miller

Was ihr nicht tut mit Lust, gedeiht euch nicht.

William Shakespeare, englischer Dichter

Der Samen für Probleme im Projektablauf ist schon früh gelegt, meist mit dem Start des Projekts.

Quelle: Aus „Einhundert Regeln für NASA Projektmanager"

Die meisten Projekte scheitern nicht aufgrund von Fehlern im Projektablauf, sondern aufgrund falscher Erwartungen und Pläne.

Quelle: Aus „Einhundert Regeln für NASA Projektmanager"

Man braucht in ziemlich jeder Phase
eines Projektes 'ne gute Nase.

Andreas Rother, Dozent und freier Autor

Gefahr bei der Realisierung: Sie übergeben die Arbeitspakete den Teammitgliedern und kümmern sich wieder um Ihre Linienarbeit, weil das Projekt jetzt läuft. Das tut es nicht.

Klaus D. Tumuscheit, aus „Überleben im Projekt", Orell Füssli 1998, S.61

Ich könnte nicht an Projekten arbeiten, die nur deshalb für einige nützlich sind, weil sie anderen schaden.

René Descartes, französischer Philosoph

Difficult projects are easy, impossible projects are difficult, miracles are a little trickier.

Mike Harding Roberts, aus „Project Management Truths" [1]

Wir hätten noch genügend Projekte, aber man soll sich nicht überheben – ein Bruch tut weh.

Dr. Josef Taus,
aus „KMAG-Newsletter, 2607"

80 Prozent des Wertes aller Projekte gehen aus 20 Prozent der mit ihnen verbunden Tätigkeiten hervor. Die restlichen 80 Prozent der Aktivitäten sind auf überflüssige Komplexität zurückzuführen.

Richard Koch, Medizinhistoriker„ Das 80/20 Prinzip"

A project is one small step for the project sponsor, one giant leap for the project manager.
(Ein Projekt ist ein kleiner Schritt für den Projektauftraggeber, aber ein großer Sprung für den Projektmanager)

Mike Harding Roberts, aus „Project Management Truths" [1]

Es ist kein Drama, wenn das Projekt nicht nach Plan läuft.
Es ist ein Drama, wenn der Projektmanager nichts davon weiß.

Peter Hobbs, Unternehmensberater und Buchautor

„Willst Du ein funktionierendes Projekt, dann gib den Deutschen die Organisation, den Franzosen das Catering und den Briten das Zeitmanagement. Willst Du aber Spaß bei der Projektarbeit, dann gib den Italienern die Organisation, den Briten die Präsentation und den Deutschen die Gestaltung des Abendprogramms"

Sabine Heins, aus michael-schroepfer.blog.de/ 2005/08/

Blondi's Gesetz:
Wenn dein Projekt nicht funktioniert, dann such' nach einem Faktor, der scheinbar so unwichtig war.

Arthur Bloch, aus „Schiefe Gründe – Murphy's Gesetz"

Ein Projekt wird besser klappen,
definiert man's in Etappen.

Andreas Rother, Dozent und freier Autor

Die Abwicklung eines komplexen Projektes muss man als einen Prozess betrachten, in den organisatorische, technische, individual-psychologische Gesichtspunkte integriert werden müssen.

Klaus Vollrath, freier Journalist

Jedes Projekt ist ein Abenteuer – spannend, außergewöhnlich, lehrreich, zielorientiert und gespickt mit vielen unvorhergesehenen, enttäuschenden und freudigen Überraschungen – ein Erlebnis für alle Beteiligten.

Quelle: „Die höchsten Ziele erreichen", aus funkeprojekt.ch/projekt

No project has ever finished on time, within budget, to requirement – yours won't be the first too.

Mike Harding Roberts, aus „Projectmanagement Truths" [1]

Das Leben ist zu kurz für Projekte, die nicht WOW! sind.

Tom Peters, aus „Projektmanagement", Econ 2001

Projekte befinden sich sehr schnell in dem Zustand „fast fertig“, verharren dort rund 80% der Projektlaufzeit, verbrauchen derweilen über 100% des Budgets und erreichen Ziele, die der Kunde nie definiert hat.

Bernd Kloos und Peter Steffan, aus Workshop „Controlling von IT-Projekten“, Okt. 2007

Wer immer ein Werk vorhat, das seine ganze Seele beschäftigt, der ist nie unglücklich.

Felix Dräseke, deutscher Komponist

Murphy, O'Malley, Sod and Parkinson are alive and well – and working on your project.

Mike Harding Roberts, aus „Project Management Laws and Sayings“ [1]

Ich habe eigentlich noch kein Projekt gesehen, bei dem nicht irgendwann einmal aus dem letzten Loch irgendeine Schnittstelle auftaucht, wo mir dann irgendwer sagt: „Aber das gibt es auch noch!“

Aus Interviews mit erfahrenen Projektleitern und CIO's [2]

Je länger ein Projekt fortschreitet, desto größer wird das Erfolgsrisiko!

Henning Balck, aus „Networking und Projektorientierung“, Springer 1996, S. 113

Je größer die Projekte, desto größer die Katastrophen.

Wolfgang J. Reus, deutscher Journalist

Change-Management/Veränderung

Wenn der Wind des Wandels weht, bauen die einen Schutzmauern, die anderen Windmühlen.

Chinesische Weisheit

Man benötigt wenigstens vier Dinge, um eine fundamentale Veränderung im Denken und in der Geschäftsabwicklungspraxis innerhalb eines Unternehmens zu bewirken:
eine Vision, Energie, Macht und einen Plan.

Peter Schiffrin, einer der Gründer der TQS Group Inc.

Alle Veränderungen erzeugen Angst. Und die bekämpft man am besten, indem man das Wissen verbessert.

Ihno Schneevoigt, deutsche Industriemanager

Man entdeckt keine neuen Erdteile, ohne den Mut zu haben, alte Küsten aus dem Auge zu verlieren.

André Gide, französischer Autor und Nobelpreisträger

Zuerst muss die Baseline festgelegt werden. Ohne diese hätte das Projekt einen Scope von „unendlich“. Erst bezogen auf diese Baseline (was ist drin, was ist draußen) können Erweiterungen/ Streichungen (Changes) sichtbar gemacht werden.

Aus Interviews mit erfahrenen Projektleitern und CIO's [2]

Don’t wait for the changes, make the changes.

Quelle: unbekannt

Veränderung ist eine entscheidende Voraussetzung für den Erfolg jeder Projektarbeit (und wahrscheinlich auch der meisten anderen lohnenden Unternehmungen).

Tom DeMarco, aus „DER TERMIN“, Hanser 1998, S. 29

Nothing changes, 'til it changes in me.

Bob Seger, amerikanischer Rockmusiker

Fürchte dich nicht vor der langsamen Veränderung, fürchte dich nur vor dem Stehenbleiben.

Chinesisches Sprichwort

Bevor du dich daran machst die Welt zu verändern, gehe dreimal durch dein eigenes Haus.

Aus China

Gib mir einen festen Punkt im Weltall, und ich bewege die Erde.

Archimedes, griechischer Mathematiker, Physiker und Ingenieur

Wer Neues schaffen will, hat alle zu Feinden, die aus dem Alten Nutzen ziehen.

Niccolò Machiavelli, italienischer Politiker,
Philosoph und Dichter

Die vernünftigen Menschen passen sich der Welt an;
die Unvernünftigen versuchen, sie zu verändern.
Deshalb hängt aller Fortschritt von den Unvernünftigen ab.

Georg Bernard Shaw, irischer Schriftsteller

Querdenker sind nicht nur eine Quelle für innovatives Potenzial, sie können auch helfen, den Geist der anderen für Veränderungen zu öffnen.

Ottmar Ehrl, CEO der ICCOM International GmbH

Wer festhält, was verändert werden muss, der verliert alles.

Norbert Blüm, deutscher Politiker (CDU)

Man kann nur wachsen, indem man Änderungen akzeptiert.

Arthur L. Williams, aus „Das Prinzip Gewinnen“, Redline Wirtschaft

Das ist der Fluch der Zufriedenheit: Zufriedene Menschen wünschen keine Veränderung und gefährden gerade dadurch ihre Zufriedenheit.

George Wells, englischer Schriftsteller

Gute Projekte kontrollieren Änderungen,
schlechte lassen sich durch Änderungen kontrollieren.

Aus Interviews mit erfahrenen Projektleitern und CIO's [2]

Ich fand heraus, dass ich immer die Wahl habe – auch wenn sie manchmal nur darin besteht, die Dinge anders zu sehen.

Judith M. Knowlton

Individuen und Organisationen, die gut sind, reagieren rasch auf Veränderungen. Individuen und Organisationen, die großartig sind, schaffen Veränderungen.

Ron Kriegel, amerikanischer Berater und Buchautor

Change management often means to change management.

Quelle: unbekannt

Konflikt-/Krisen-Management

Ein wahrer Führer fragt um Rat, wenn er Zeit zum Überlegen hat. Aber er fragt nie um Rat in einer Krise.

Verfasser unbekannt, aus spruecheportal.de/Managementweisheiten

Das kleine Ritual, das mit dem Satz beginnt „Kann ich Ihnen helfen, indem ich versuche, als Mediator für Sie zu vermitteln?“ kann ein wichtiger Schritt der Konfliktlösung sein.

Tom DeMarco, aus „DER TERMIN“, Hanser 1998, S. 205

Wer als Gewinner eines Konflikts einen Verlierer zurücklässt, ist früher oder später selbst der Verlierer. Der Verlierer ist oftmals bereit, den Kampf wieder aufzunehmen.

Olivier Inhelder, aus „Grundstategien der Konfliktbehandlung“

Krisen meistert man am besten, indem man ihnen zuvor kommt.

Whitman Rostow, amerikanischer Ökonom,Wirtschaftshistoriker

Der Widerspruch ist es, der uns produktiv macht.

Johann Wolfgang von Goethe, deutscher Dichter

Man kann nicht denken, wenn die Fäuste geballt sind.

Rollo May, amerikanischer Psychologe

Wenn du sicher wählen willst im Konflikt zweier Pflichten, wähle die, die zu erfüllen dir schwerer fällt.

Marie von Ebner-Eschenbach, österreichische Schriftstellerin

Wem das Wasser bis zum Hals steht, der darf den Kopf nicht hängen lassen.

Ulrich Steger, Universitätsprofessor für Umweltmanagement

Ursächlich ging es bei den meisten Konflikten um die Unfähigkeit, Fehler zuzugeben.

Zitat aus einer PM-Fragebogenaktion

Nicht die, die streiten, sind zu fürchten, sondern die, die ausweichen.

Marie von Ebner-Eschenbach, österreichische Schriftstellerin

Krise ist ein produktiver Zustand. Man muss ihm nur den Beigeschmack der Katastrophe nehmen.

Max Frisch, schweizer Architekt und Schriftsteller

Die meisten Systementwicklungsorganisationen verfügen über schlechte Konfliktlösungsfähigkeiten. Konflikte verdienen Respekt. Konflikte sind kein Zeichen für unprofessionelles Verhalten.

Tom DeMarco, aus „DER TERMIN“, Hanser 1998, S. 195

In Konfliktsituationen ist rasches und offenes Ansprechen der Konflikte wichtig. Die Lösung darf ruhig länger dauern, aber ein unausgesprochener Konflikt lähmt ein Team und führt zu Dienst nach Vorschrift.

Zitat aus einer PM-Fragebogenaktion

Jeder Konflikt war mal ein Konfliktchen.

Sprichwort

Der Mensch bleibt in kritischen Situationen selten auf seinem gewohnten Niveau. Er hebt sich darüber oder sinkt darunter.

Alexis de Tocqueville, französischer Historiker

Kommunikations-Management

Die wahre Kunst der Kommunikation liegt darin, nicht nur das Richtige am richtigen Ort zur richtigen Zeit zu sagen, sondern das Falsche im verlockenden Augenblick ungesagt zu lassen.

Dorothy Nevel, weitere Angaben nicht bekannt

Man kann nicht nicht kommunizieren.

Paul Watzlawick, österreichischer Kommunikationswissenschaftler

Kommunikation erfordert mehr Vorstellungskraft, als sich viele Leute vorstellen oder in Wirklichkeit haben.

Cyril Northcote Parkinson, britischer Historiker und Publizist

Ein Führender, der nicht kommunikationsfähig ist, genießt kaum Vertrauen.

Baldur Kirchner, Dozent für Persönlichkeitsbildung

Der Widerspruch zwischen dem, was gesagt wird, und dem, was gemeint ist, ist sehr groß. Man muss ihn herausfinden.

Friedrich Ebeling, deutscher Konzernmanager, Brau und Brunnen AG

Etwas Kurz-Gesagtes kann die Frucht und Ernte von vielem Lang-Gedachten sein.

Friedrich Wilhelm Nietzsche, deutscher Philosoph

Einfach reden, aber kompliziert denken – nicht umgekehrt.

Franz Josef Strauß, deutscher Politiker

Die höchste Form der Kommunikation ist der Dialog.

August Everding, deutscher Regisseur und Kulturpolitiker

Die ganze Kunst des Redens besteht darin zu wissen, was man nicht sagen darf.

Georg Canning, britischer Politiker

Lorenz-Kette:
Gedacht heißt nicht immer gesagt /
gesagt heißt nicht immer richtig gehört /
gehört heißt nicht immer richtig verstanden /
verstanden heißt nicht immer einverstanden /
einverstanden heißt nicht immer angewendet /
angewendet heißt noch lange nicht beibehalten.

Konrad Lorenz, österreichischer Verhaltensforscher

Die Stärke von guten Projektmanagern liegt in der Kommunikation und der Fähigkeit zur Vermittlung.

Heimo Thomas, Bereichvorstand Brief der Deutschen Post AG

Für ein gutes Gespräch sind die Ohren wichtiger als die Zunge.

Thornton Wilder, amerikaischer Schriftsteller

Bei den Faktoren, welche den Teambildungsprozess beeinflussten, brachte die Förderung der Kommunikation am meisten. Feedback spielte ebenfalls eine wesentliche Rolle.

Zitat aus einer PM-Fragebogenaktion

Die kürzesten Wörter, nämlich ja und nein, erfordern das meiste Nachdenken.

Pythagoras, griechischer Philosoph

Unsere Hauptschwierigkeit bei der Kommunikation ist es, mit Hilfe der Vorstellungskraft zu erfassen, wie viel die anderen Leute wissen oder nicht.

Cyril Northcote Parkinson, britischer Historiker und Publizist

Es ist nicht entscheidend, was ich sage, sondern was der andere hört.

Vera F. Birkenbihl, deutsche Psychologin,
Managementtrainerin und Sachbuchautorin

Ich weiß nicht, was ich gesagt habe, bevor ich die Antwort meines Gegenüber gehört habe.

Paul Watzlawick, österreichischer Kommunikationswissenschaftler

Kommunikation = Information + Emotion

Valentin Sieber, Leiter GP Großdampferzeuger Projektmanagement,
ALSTOM Power Boiler GmbH

Kommunikation ist es erst, wenn es jeder versteht.

Harry Walther, ehemaliger Wahlkampfmanager Willi Brandts

Die Welt ist nicht schlechter geworden; wir haben nur ein besseres Kommunikationsnetz.

Frank McKinney, amerikanischer Humorist und Karikaturist

Zielgerichtete Information und Kommunikation bestimmt wesentlich den Erfolg des Projektes; ...

Claus Steinle, aus „Projektmanagement“, Ed. Blickpunkt Wirtschaft 1995, S. 29

Problem-Management

Frage dich in jeder schwierigen Situation: „Was würde der stärkste, mutigste, liebevollste Teil meiner Persönlichkeit jetzt tun?“ Und dann tue es. Tue es richtig. Und zwar sofort.

Dan Millman, aus „Erleuchteter Alltag“

Eine positive Einstellung zu lösbaren Problemen ist bereits der halbe Erfolg.

Ernst Ferstl, österreichischer Lehrer und Autor

Wenn uns etwas aus dem gewöhnlichen Gleise wirft, bilden wir uns ein, alles sei verloren. Dabei fängt nur etwas Neues, Gutes an. Solange Leben da ist, gibt es auch Glück.

Leo Nikolajewitsch Tolstoi, russischer Schriftsteller

In jeder Schwierigkeit lebt die Möglichkeit.

Albert Einstein, deutscher Physiker

Umwege erhöhen die Ortskenntnis.

Markus Seidel, Literaturkritiker und Autor

Das größte Problem der Welt hätte gelöst werden können, als es noch ein kleines Problem war.

Laotse, chinesischer Philosoph

Wer ein Problem definiert, hat es schon halb gelöst.

Julian Huxley, englischer Philosoph und Schriftsteller

Man kann die Probleme nicht mit dem gleichen Bewusstsein lösen, mit dem sie entstanden sind.

Albert Einstein, deutscher Physiker

Probleme sind nichts weiter als dornige Chancen.

Leonardo da Vinci, italienischer Maler, Bildhauer und Universalgelehrter

Bewältige eine Schwierigkeit und du hältst 100 andere von dir fern.

Konfuzius, chinesischer Philosoph

Wenn jemand ein Problem erkannt hat und nichts zur Lösung des Problems beiträgt, ist er selbst ein Teil des Problems.

Indisches Sprichwort

Probleme sind Gelegenheiten, zu zeigen, was man kann.

Duke Ellington, amerikanischer Jazz-Komponist

Da, wo der Wille groß ist, können die Schwierigkeiten nicht groß sein.

Niccolò Machiavelli, italienischer Politiker, Philosoph und Dichter

Es gibt keine Nadel, die an beiden Enden spitz wäre.

Chinesisches Sprichwort

Das Außerordentliche geschieht nicht auf glattem, gewöhnlichem Wege.

Johann Wolfgang von Goethe, deutscher Dichter

Wer schon auf dem Meeresgrund war, fürchtet sich nicht mehr vor Pfützen.

Arthur Lassen, aus dem Buch „Heute ist mein bester Tag“

Wir lösen die Probleme in der Reihenfolge ihres Auftretens.

Harald Grumser, GF Fa. Compart

Probleme sind Möglichkeiten in Arbeitskleidung.

Henry John Kaiser, amerikanischer Industrieller

Probleme muss man kondensieren, wenn man sie lösen will. Erst der Extrakt ist überschaubar.

Henry Kissinger, ehemaliger amerikanischer Außenminister

Zu Oasen führen alle Wege durch die Wüste.

Werner Sprenger, Autor und ordinierter Meditationsmeister

Wenn man die Dinge sehr einfach macht, sie sehr einfach darstellt und meint, es ist jedes Unternehmen gleich wie das andere, dann ist es ein Problem.

Aus Interviews mit erfahrenen Projektleitern und CIO's [2]

In einer angespannten Situation will ja niemand Probleme, aber genau da kommen sie.

Aus Interviews mit erfahrenen Projektleitern und CIO's [2]

Qualitäts-Management

Die Kraft steckt in der Qualität.

Friedrich Nietzsche, deutscher Philosoph

Die Qualität unserer Dienstleistungen und unseres Verhaltens prägen das Erscheinungsbild des Unternehmens in den Augen unseres Kunden.

D. Gann, Qualitätssicherung, HP Deutschland

To measure is to know.

James Clerk Maxwell, schottischer Wissenschaftler

Qualitätsmanagement ist nichts anderes als richtige Unternehmensführung!

Dr. Joachim G. Pärsch, Geschäftsführer der DQS, 1994

Das könnte Qualität auch sein:
- Qualität ist, wenn der Kunde zurück kommt und nicht das Produkt
- Quality is fitness for use
- Qualität beginnt im Kopf
- Quality is a never ending story

Quelle: quality.kenline.de/seiten_d/qualitaet_definition

Qualität ist die Summe aus Produkteigenschaften und Dienstleistungen, die ein Maximum an Kunden zufrieden stellt.

Alfred Lisson, deutscher Schriftsteller

Perfektion ist nicht dann erreicht, wenn es nichts mehr hinzu zu fügen gibt, sondern wenn man nichts mehr weglassen kann.

Antoine de Saint-Exupéry, französischer Schriftsteller und Flieger

Qualität geht meistens auf Kosten der Kosten.

Werner Mitsch, deutscher Aphoristiker

Die wenigsten Firmen, die ernsthaft Qualität verbessern wollen, kümmern sich nicht um Reifegradmodelle. Die schauen sich an, wo sie Schwachstellen haben und machen Prozessverbesserungen an diesen Stellen. Denen ist es egal, ob das Level 2 oder Level 3 heißt.

Aus Interviews mit erfahrenen Projektleitern und CIO's [2]

Qualität ist die Summe aller Leistungen, die dem Kunden einen „echten Nutzen“ bringen.

Aus einem QS-Seminar

Die Qualität unsere Ziele bestimmt die Qualität unserer Zukunft.

Josef Schmidt, Management-Trainer

Entmutigen heißt, die Sicht auf die Qualität verlieren.

Robert Pirsing, amerikanischer Autor

Erzeugnisqualität entsteht aus Arbeitsqualität.

Quelle unbekannt

Risiko-/Chancen-Management

Das Wort „Risiko“ setzt sich in der chinesischen Sprache aus zwei Schriftzeichen zusammen: Chance und Gefahr.

Nichts geschieht ohne Risiko, aber ohne Risiko geschieht auch nichts.

Walter Scheel, deutscher Politiker (FDP)

Das größte Risiko unserer Zeit liegt in der Angst vor dem Risiko.

Helmut Schoek, österreichischer Soziologe, gefunden bei zitate.de

If you don't attack the risks, the risks will attack you.
(Wenn Du die Risiken nicht angreifst, werden die Risiken Dich angreifen)

Mike Harding Roberts, aus „Project Management Proverbs“ [1]

Ein Leben ist gut, wenn man Risiken eingeht, Probleme löst und seine Zufriedenheit daraus zieht. Was wäre man ohne die Aufregung des Entdeckens? Natürlich fordert ein abenteuerliches Leben gelegentlich Tribut. Aber wenn Menschen nicht breit sind, Risiken einzugehen, führen sie ein schales Leben.

Nobelpreisträger Edmund Phelps, Columbia University
New York, aus Interview Phelps, Capital 07/2007, S. 44

Manchmal muss man einfach ein Risiko eingehen – und seine Fehler unterwegs korrigieren.

Lee Iacocca, ehemaliger amerikanischer Topmanager

Zur Wahrscheinlichkeit gehört auch, dass das Unwahrscheinliche eintreten kann.

Aristoteles, griechischer Philosoph

Wer jedes Risiko ausschalten will, der zerstört auch alle Chancen.

Hans-Olaf Henkel, deutscher Topmanager

Der Pessimist sieht in jeder Chance eine Bedrohung, der Optimist in jeder Bedrohung eine Chance.

Aus Ostasien

Risiko ist die Bugwelle des Erfolgs (Le risque est l'onde de proue du succès). Wer vorankommen will, muss Risiken eingehen. Ein Schiff, das nur auf Reede oder im Hafen liegt, bringt nichts ein. Es muss sich Wind und Wellen aussetzen. Natürlich muss man mit dem Risiko umzugehen wissen. Ein Schiffer muss erst sein Kapitänspatent machen, ehe man ihm einen Kahn anvertraut.

Carl Amery, deutscher Schriftsteller und Essayist

Hindernisse sind jene furchtbaren Dinge, die Du siehst, sobald Du den Blick von Deinem Ziel abwendest.

Henry Ford, amerikanischer Automobilindustrieller

Verbringe die Zeit nicht mit der Suche nach einem Hindernis – vielleicht ist keines da.

Franz Kafka, österreichischer Schriftsteller

Eine Chance zu sehen, ist keine Kunst. Die Kunst ist, eine Chance als erster zu sehen.

Benjamin Franklin, amerikanischer Politiker

Die Ablehnung eines Risikos ist für ein Unternehmen das größte Risiko.

Reinhard Mohn, deutscher Unternehmer und Stifter (Bertelsmann)

Die meisten Menschen lassen sich eine Chance entgehen, weil sie einen Overall trägt und wie Arbeit aussieht!

Thomas Alva Edison, amerikanischer Erfinder

Ich schob das Floß in die Brandung. Rasch wurde ich auf See gezogen, denn gerade begann die Ebbe. Wohin würden mich der Wind und die Wellen treiben? Auf ein Steuer hatte ich verzichtet. Man muss dem Schicksal eine Chance geben.

Aus Käpt´n Blaubär

Wenn ein Projekt kein Risiko birgt..... lassen Sie die Finger davon!

Tom DeMarco, Timothy Lister, aus „Bärentango", Hanser 2003, S. 3

Das Risikomanagement ist etwas, was einem mit unerfreulichen Dingen beschäftigt.

Aus Interviews mit erfahrenen Projektleitern und CIO's [2]

Leute, die jedes Risiko scheuen, gehen das größte Risiko ein.

George F. Kennan, amerikanischer Historiker und Diplomat

Möglichkeiten sehen kann man nur durch Risiko, nie durch Befolgung einer Regel.

Hans-Georg Gadamer, deutscher Philosoph

Zeit-Management

Zeitmanagement ist Unsinn. Sie können die Zeit nicht managen – nur Ihr Verhalten.

Michael Kastner, deutscher Psychologe

Denke immer daran, dass es nur eine allerwichtigste Zeit gibt, nämlich: Sofort!

Leo Tolstoi, russischer Schriftsteller

Die Asiaten haben den Weltmarkt mit unlauteren Methoden erobert – sie arbeiten während der Arbeitszeit.

Ephraim Kishon, israelischer Satiriker

Der Tag ist 24 Stunden lang, aber unterschiedlich breit.

Wolfgang Neuss, Kabarettist und Schauspieler

Man muss sich ein bestimmtes Quantum Zeit gönnen, wo man nichts tut, damit einem etwas einfällt...

Dr. Mortimer J. Adler, amerikanischer Schriftsteller

Man sollte nie so lange warten, bis man Zeit hat.

Joachim Panten, deutscher Aphoristiker und Publizist

Es ist nicht wenig Zeit, die wir haben, sondern es ist viel Zeit, die wir nicht nutzen.

Lucius Annaeus Seneca, römischer Philosoph, Dramatiker, Naturforscher und Staatsmann

Man verliert die meiste Zeit damit, dass man Zeit gewinnen will.

John Steinbeck, amerikanischer Autor

Wer nie Zeit hat, geht schlecht mit ihr um.

Managementweisheit

Es geht nicht um das Management der Uhr, sondern
um das Management unserer Person im Hinblick auf die Uhr.

Alec Mackenzie, amerikanischer Managementtrainer

Die meiste Zeit geht dadurch verloren, dass man nicht zu Ende denkt.

Alfred Herrhausen, ehemaliger Deutsche Bank Chef

Beklagenswert, wer sich verschworen,
Er habe noch niemals Zeit verloren.
Bekenn er lieber, unumwunden:
Er habe noch niemals Zeit gefunden.

Eugen Roth, deutscher Lyriker

Man sollte nie so viel zu tun haben, dass man zum Nachdenken keine Zeit mehr hat.

Georg Christoph Lichtenberg, deutscher Schriftsteller

Für ein erfolgreiches Zeitmanagement ist der Kompass wichtiger als die Uhr.

Stephen Covey, US-amerikanischer Autor

Zeit an sich kann man gar nicht managen, denn die verrinnt so oder so. Es geht um das Managen von Prioritäten.

Lothar J. Seiwert, Redner und Autor von Ratgebern

Tools/Werkzeuge

Es genügt nicht, zum Fluss zu kommen mit dem Wunsch, Fische zu fangen. Du musst auch das Netz mitbringen.

Aus China

Die Werkzeugfalle: Man kauft eine tolle Projektmanagement-software und erwartet, dass alles von alleine läuft. Dann wundert man sich, dass das erstens nicht passiert, zweitens die Software die alten Planungslücken aufdeckt und drittens man mehr Zeit vor dem PC als bei der eigentlichen Projektarbeit verbringt.

Klaus D. Tumuscheit, aus „Überleben im Projekt", Orell Füssli 1998, S. 153

Ein häufiger Irrtum beim Einsatz einer Projektmanagement-Software ist der Glaube, dass mit der Implementierung dem Wildwuchs bei der Projektumsetzung Einhalt geboten wird.

Harald Krines, Entwicklungsleiter, PUS

Einen guten Handwerker erkennt man an seinem Werkzeug.

Sprichwort

Auch mit einem kleinen Beil kann man große Bäume fällen.

Chinesisches Sprichwort

Wenn das einzige Werkzeug, was du hast, ein Hammer ist, dann bist du geneigt, jedes Problem als Nagel anzusehen.

Abraham Maslow, amerikanischer Psychologe

Projektabschluss

Seay's Gesetz:
Nichts endet jemals so wie geplant.

Arthur Bloch, aus „Schiefe Gründe – Murphy's Gesetz"

Denn es ist nun mal nicht anders, dass man, sobald man fertig ist, gleich wieder etwas Neues im Sinn haben müsse.

Johann Wolfgang von Goethe, deutscher Dichter

Der Erfolg eines Projektes zeigt sich leider immer erst, nachdem das Projekt abgeschlossen ist. Er liegt also außerhalb des Projektes!

Henning Balck, aus „Networking und Projektorientierung", Springer 1996, S. 112

Projektabschluss: Hurra – endlich am Ziel.
Nun sind Sie als Projektmanager erfahren!

Uwe Braehmer, aus „Projektmanagement für kleine und mittlere Unternehmen"

Es gibt Menschen, die, wenn sie das Licht am Ende des Tunnels sehen, ein neues Stück Tunnel kaufen.

Johannes Rau, achter Bundespräsident der Bundesrepublik Deutschland

Gäbe es die letzte Minute nicht, so würde niemals etwas fertig.

Mark Twain, amerikanischer Schriftsteller

Ein erfahrener Projektmanager nimmt seine Erfahrung ins nächste Projekt mit – und die unerfahrenen Kollegen machen dieselben Fehler, die der erfahrene Projektmanager schon einmal gemacht hat. Was für eine kostspielige Verschwendung.

Klaus D. Tumuscheit, aus „Überleben im Projekt", Orell Füssli 1998, S. 76

Am Schluss sind alle Gewinner und fertig!

Aus Interviews mit erfahrenen Projektleitern und CIO's [2]

Fragen Sie einmal einen Programmierer, wann er fertig ist. Er wird sagen: „Ich bin schon fast fertig, aber das und das muss ich noch machen."
Und wenn Sie ihn drei Wochen später fragen, erzählt er Ihnen das Gleiche.

Aus Interviews mit erfahrenen Projektleitern und CIO's [2]

Ich habe fertig. (Letzter Satz einer Pressekonferenz)

Giovanni Trapattoni, italienischer Fußballtrainer

Meistens versagen die Menschen kurz vor dem Erfolg. Darum sorge dich gleichermaßen um den Anfang und um das Ende, dann wirst du nicht versagen.

Laotse, chinesischer Philosoph

Sage mir, wie Dein Projekt beginnt, und ich sage Dir, wie es endet.

Gero Lomnitz, aus Kompetenzbasiertes Projektmanagement (PM3)

Lessons learned

Das Gras wächst nicht schneller, wenn man daran zieht.

Afrikanisches Sprichwort

Aus Diamanten erwächst nichts, aus Mist erwachsen Blumen.

Fabrizio de André, italienischer Liedermacher

Einen Lerneffekt gibt es da nicht, weil das sind natürlich alles einmalige Verstrickungen unglücklicher Zufälle, die in dieser Form nie wieder vorkommen werden.

Aus Interviews mit erfahrenen Projektleitern und CIO's [2]

Wenn man es aber einmal als natürlich hinnimmt, im Regen nass zu werden, kann man mit unbewegtem Geist bis auf die Haut durchnässt werden. Diese Lektion gilt für alles.

Tsunetomo Yamamoto, japanischer Samurai und Autor

#93: Things that fail are lessons learned for the future. Occasionally things go right; these are also lessons learned. Try to duplicate that which works.

Aus „One Hundred Rules for NASA Project Managers“,
by Jerry Madden, edited by Rod Stewart, 1995

Da wäre man auch dumm, wenn man nicht darüber nachdenken würde, was in diesem Projekt passiert ist und was man daraus lernen könnte.

Aus Interviews mit erfahrenen Projektleitern und CIO's [2]

NICHTS IST SO GUT,
ALS DASS MAN ES NICHT
NOCH FERBESSERN KÖNTE

The „Big Rocks" of Life

A while back I was reading about an expert on the subject of time management. One day this expert was speaking to a group of business students and, to drive home a point, he used an illustration I'm sure those students will never forget. After I share it with you, you'll never forget it either. As this man stood in front of the group of high-powered overachievers he said, „Okay, time for a quiz."

Then he pulled out a one-gallon, wide-mouthed mason jar and set it on a table in front of him. Then he produced about a dozen fistsized rocks and carefully placed them, one at a time, into the jar. When the jar was filled to the top and no more rocks would fit inside, he asked, „Is this jar full?" Everyone in the class said, „Yes."

Then he said, „Really?" He reached under the table and pulled out a bucket of gravel. Then he dumped some gravel in and shook the jar causing pieces of gravel to work themselves down into the spaces between the big rocks.

Then he smiled and asked the group once more, „Is the jar full?" By this time the class was onto him. „Probably not," one of them answered. „Good!" he replied. And he reached under the table and brought outa bucket of sand. He started dumping the sand in and it went into all the spaces left between the rocks and the gravel. Once more he asked the question, „Is this jar full?" „No!" the class shouted. Once again he said, „Good!" Then he grabbed a pitcher of water and began to pour it in until the jar was filled to the brim. Then he looked up at the class and asked, „What is the point of this illustration?"

One eager beaver raised his hand and said, „The point is, no matter how full your schedule is, if you try really hard, you can always fit some more things into it!“

„No,“ the speaker replied, „that's not the point. The truth this illustration teaches us is: If you don't put the big rocks in first, you'll never get them in at all.“

What are the big rocks in your life?
- To complete an important project?
- To attend a class to benefit your career?
- To spend more time with your loved ones?
- To further a favorite cause, such as a charity?
- To improve your faith, your health, your education, your finance?
- To teach or mentor others?

Remember to put these BIG ROCKS in first or you'll never get them in at all.

So, tonight or in the morning when you are reflecting on this short story, ask yourself this question: What are the „big rocks“ in my life or business or project? Then, put those in your jar.

Verfasser unbekannt, gefunden bei ntu.edu.sg/home/hblim/passages/bigrocks

Es gibt vieles, was wir das nächste mal anders oder besser machen würden. Bereut haben wir die Wahl dieses Projektes sicher nicht, und doch kämpfen wir innerlich ein bisschen mit den Resultaten.

Markus Schmidt, aus PDV-Vertiefungs-Projekt 2004

MENSCHEN IM PROJEKT

Ein Projekt wird geprägt von der Zusammenarbeit von Menschen. Ein sehr wichtiger Bereich in diesem Zusammenhang sind das Teammanagement und die jeweiligen Rollen im Projekt. Dabei müssen wir nicht nur an die Teammitglieder denken, sondern auch an jene Gruppe von Personen, die durch das Projekt direkt oder indirekt berührt wird. Und diese Vielzahl von Interessensgruppen mit ihren unterschiedlichen Interessen und Erwartungen an das Projekt machen das Projektmanagement zu einer wahren Herausforderung.

Wann auch immer Sie oder Ihre Projekt-Kollegen Rat und Trost suchen oder weitergeben wollen, die folgenden Zitate werden Ihnen den Umgang mit den Menschen im Projekt vielleicht etwas leichter machen.

Jeder Mensch ist potentiell ein Könner. Manche Menschen sehen aus wie Versager. Lass dich durch ihr Aussehen nicht täuschen.

Johnson Blanchard, aus „Der Minutenmanager"

Den Wert eines Unternehmens machen nicht die Gebäude und Maschinen, auch nicht sein Bankkonto aus. Wertvoll an einem Unternehmen sind nur die Menschen, die in ihm arbeiten, und der Geist, in dem sie dies tun.

Heinrich Nordhoff, ehemaliger VW-Vorstandsvorsitzender

Menschen machen Projekte – nicht Technologien, nicht Methoden, nicht Verfahren, nicht Prozess-Vorschriften, nicht Verträge (die können nur helfen), nicht Projekthandbücher…

Wilfried Reiter, aus „Die nackte Wahrheit über Projektmanagement"

Für die Entwicklung eines Menschen sind bittere Stunden unerlässlich.

Konrad Adenauer, erster deutscher Bundeskanzler

Projekte werden nur durch Menschen getragen und nur durch Menschen realisiert.

Aus Interviews mit erfahrenen Projektleitern und CIO's [2]

Projekte werden nicht durch Sachprobleme aufgehalten, sondern durch menschliche Probleme. Wenn Sie nicht über eine gehörige Portion Sozialkompetenz verfügen, wird Sie der Störfaktor Mensch heftig zum Schwimmen bringen.

Klaus D. Tumuscheit, aus „Überleben im Projekt", Orell Füssli 1998, S. 119

Auftraggeber/Kunde

Der wichtigste heute vernachlässigte Managementgrundsatz ist die Nähe zum Kunden. Seine Bedürfnisse zu erfüllen und seinen Wünschen zuvorzukommen: Darum geht es! Für allzu viele Unternehmen ist der Kunde zum lästigen Störenfried geworden. Sein unberechenbares Verhalten wirft wohldurchdachte strategische Pläne über den Haufen, seine Handlungen bringen die EDV durcheinander, und obendrein besteht er auch noch hartnäckig darauf, gekaufte Produkte müssten funktionieren!

Lew Young, amerikanischer Journalist, Chefredakteur „Business Week"

Der Kundennutzen muss die treibende Kraft aller Bemühungen sein.

Quelle: unbekannt

Behandeln Sie jeden Kunden, als hätten wir nur den einen.

Thyssen Stahl, „Qualität mit Herz und Verstand"

Wissen Sie, Ihr Gehalt bekommen Sie nicht von mir oder von Boss, das bekommen Sie vom Kunden.

Konrad Jud, stellvertretendes
Vorstandsmitglied Hugo Boss AG

Die besten Ideen kommen mir, wenn ich mir vorstelle, ich bin mein eigener Kunde.

Charles Lazarus, amerikanischer Unternehmer, Gründer von Toys 'R' Us

Der einzige Weg, uns zu behaupten, ist über bessere Dienstleistungen und besseren Service. Die Kunden sind Götter.

Jeff Bezos, amerikanischer Unternehmer,
Gründer der Internet-Buchhandlung „Amazon"

Weil in der Regel der Kunde ja nicht blöd ist, er lebt einfach in einer anderen Welt, in der er die Techniker und Entwickler nicht ernst nimmt.

Aus Interviews mit erfahrenen Projektleitern und CIO's [2]

Der Kunde ist die erste und die letzte Instanz aller unternehmerischen Entscheidungen.

Peter Dussmann, deutscher Unternehmer

Im Gegensatz zur Auffassung vieler Firmenchefs muss sich nicht etwa der Kunde dem Unternehmen anpassen, sondern umgekehrt das Unternehmen dem Kunden.

Jacques Horovitz, führende Kapazität
auf dem Gebiet des Servicemanagements

Wer nicht ständig im Gespräch mit dem Kunden ist, hat am Markt bald nichts mehr zu sagen.

Horst Skoludek, ehemaliger Vorstandssprecher Carl Zeiss Stiftung, Oberkochen

Irgendwo braucht jedes IT-Projekt einen Sponsor, der auf der Managementebene angesiedelt ist. Das Problem ist jedoch auch, an solche Leute überhaupt ranzukommen!

Aus Interviews mit erfahrenen Projektleitern und CIO's [2]

Man sagt, dass Kunden nahezu jedes Problem verzeihen, solange Sie ihnen in einer Liste bekannter Probleme davon berichten. Wenn Kunden Ihnen über Ihre Fehler berichten müssen, dann verzeihen sie nichts.

Jared R. Richardson / William A. Gwaltney

Der Kunde hat immer recht. Und für mich ist dieser Grundsatz ein besonders schlimmer Verrat an den Mitarbeitern. Der Kunde hat häufig unrecht. Und solche Kunden befördern wir nicht. Wir schreiben Ihnen: Bitte fliegen Sie mit einer anderen Airline und nutzen Sie nicht unsere Leute aus.

Herb Kelleher, Chairman von Southwest Airlines
in Tom Peters, Der Wow! Effekt, 1995, Seite 199

Der „Visionary Customer" ist jemand, der weiß, welchen Geschäftszweck er machen will.... Da gab es Kunden, die eine Software wollten, jedoch nicht wussten wofür – das ist der „No-vision customer".

Aus Interviews mit erfahrenen Projektleitern und CIO's [2]

Ich habe kein Marketing gemacht. Ich habe immer nur meine Kunden geliebt.

Zino Davidoff, schweizer Unternehmer und Tabakhändler

Wir müssen in erster Linie an den Kunden denken, wenn wir wollen, dass der Kunde auch an uns denkt.

Emil Oesch, schweizer Schriftsteller

Berater/Experten/Spezialisten

Willst Du etwas wissen, so frage einen Erfahrenen und keinen Gelehrten.

Chinesisches Sprichwort

Kein Mensch kann ein reiner Spezialist sein, ohne nicht im buchstäblichen Sinne ein Idiot zu sein.

Georg Bernhard Shaw, anglo-irischer Dramatiker

Spezialisten sind Leute, die nur eine Saite auf ihrer Fiedel haben.

Henry Miller, amerikanischer Schriftsteller

Lass dir von keinem Fachmann imponieren, der dir erzählt: „Lieber Freund, das mache ich schon 20 Jahre so!“ Man kann eine Sache auch 20 Jahre falsch machen.

Kurt Tucholsky, deutscher Schriftsteller

Spezialisten sind nur bedingt einsetzbar, Dilettanten überall.

Ole Anders, deutscher Publizist

Der Experte ist ein Spezialist, der über etwas alles weiß und über alles andere nichts.

Ambros Bierce, amerikanischer Journalist und Satiriker

Experten sind Leute, die andere daran hindern, den gesunden Menschenverstand zu gebrauchen.

Hannes Messemer, deutscher Schauspieler

Besprechungen/Meetings/Konferenzen

Zu viele Besprechungen sind ein deutliches Zeichen für eine schlechte Organisation.

Cyril Northcote Parkinson, britischer Historiker und Publizist

Das beste Mittel gegen eine übermäßige Ausdehnung von Sitzungen ist, sie eine halbe Stunde vor der Mittagspause oder vor Dienstschluss anzusetzen. Niemand hört sich so gern reden, dass er deshalb auf Freizeit verzichtet.

Verfasser unbekannt, gefunden bei zitate.de

Meetings are events in which minutes are kept and hours are lost

Mike Harding Roberts, aus „Project Management Truths“ [1]

Es ist furchtbar, wie manche Leute nicht in der Lage sind, sich auf den Punkt zu äußern, sondern drumherum reden. Man muss sich dann in Sitzungen schon mal irgendwohin kneifen, damit einem nicht der Geduldsfaden reißt.

Rudolf von Bennigsen-Foerder, ehemaliger deutscher Industriemanager (VEBA AG)

Die Kraft der Botschaft liegt in der Pause.

Raymond Fein, schweizer Seminarleiter

Zusammenkommen ist ein Beginn, Zusammenbleiben ist ein Fortschritt, Zusammenarbeiten führt zum Erfolg.

Henry Ford, amerikanischer Automobilindustrieller

Eine Konferenz ist eine Sitzung, bei der viele hineingehen und wenig herauskommt.

Werner Fink, deutscher Kabarettist, Schauspieler und Schriftsteller

Meetings
Sind Sie EINSAM?
Sind Sie es LEID, alleine zu arbeiten?
HASSEN Sie es, Entscheidungen zu treffen?

GEHEN SIE ZU EINEM MEETING!

Sie können dort....
...Leute treffen
...Flip-Charts kreieren
...Sich wichtig fühlen
...Ihre Kollegen beeindrucken
...Kaffee trinken

...und all dies während der Arbeitszeit!
MEETINGS – die praktische Alternative zur Arbeit!

Anekdoten, Metaphern und Geschichtchen,
aus logimod.de/metaph

Jetzt, wo PDAs aus der Mode sind, übernehmen Blackberries die Aufgaben, mich zur Weißglut zu treiben. Im Meeting sitzen 6 Leute. 2 sprechen miteinander, 4 starren auf ihr Blackberry und lesen intensiv die neuesten Spams. Super.

Quelle: guerilla-projektmanagement.de/blackberry

Konferenzen sind ein vorzügliches Mittel, Probleme so lange zu diskutieren, bis sie nicht mehr aktuell sind.

Alex Möller, ehemaliger deutscher Politiker (SPD)

Sitzung ogsetzt, highetzt,
abghetzt, ausanandergsetzt,
Tagesordnung festgsetzt, wieder abgsetzt,
Kommissionen eigsetzt,
Kommissionen bsetzt, umbsetzt, gschwätzt,
nix gsagt, vertagt, z'letzt neu ogsetzt,
vui san zsammakumma,
nix is rauskumma, Sitzung umma.

Franz Josef Strauß, ehemaliger deutscher Politiker (CSU), gefunden bei zitate.de

Über manche Besprechungsteilnehmer muss man sich fragen: Hilft er eigentlich bei der Lösung, oder gehört er mit zum Problem?

Robert Jungk, österreichischer Schriftsteller und Zukunftsforscher

Besprechungen heißen so, weil meistens zu viel besprochen und zu wenig entschieden wird.

Hermann Lahm, deutscher Hobby-Autor

Konferenzen sind wie Bagger: zuerst leistet man tiefschürfende Arbeit, und nachher wird gekippt.

Jürgen von Manger, ehemaliger deutscher Schauspieler, Kabarettist und Schriftsteller

Wenn Sie in eine Besprechung hineinkommen und sobald diese anfängt, wird schon auf beiden Seiten aufmunitioniert und der Colt wird auf den Tisch gelegt.

Aus Interviews mit erfahrenen Projektleitern und CIO's [2]

Manager/Management

Vier Grundsätze guten Managements:
- Wählen Sie die richtigen Leute aus.
- Betrauen Sie die richtigen Mitarbeiter mit den richtigen Aufgaben.
- Motivieren Sie die Mitarbeiter.
- Helfen Sie den Teams, durchzustarten und abzuheben.

(Alles andere sind Administrivialitäten.)

Tom DeMarco, aus „DER TERMIN", Hanser 1998, S. 23

Die Kunst des Managements besteht ohnehin darin, mit weniger Wissen, als es die Mitarbeiter haben, diese zu führen.

Bernd Pischetsrieder, deutscher Topmanager in der Automobilindustrie

Management ist die schöpferischste aller Künste. Es ist die Kunst, Talente richtig einzusetzen.

Robert S. McNamara, amerikanischer Geschäftsmann und Politiker

Sie lernen Management nicht, indem Sie Bücher lesen, sondern indem Sie Erfahrungen sammeln und Sensibilität entwickeln.

Naina Lal Kidwai, CEO der britischen Bank HSBC in Indien,
aus: Interview „Geld motiviert mich nicht", Capital 19/2007, S.145

Die Regeln für Fußball sind auf der ganzen Welt gleich.
Die Regeln für Management auch.

Fredmund Malik, international Management-Consultants

Was einen guten Manager ausmacht, ist die Fähigkeit, andere zu ungewöhnlichen Leistungen zu veranlassen.

Cyril Northcote Parkinson, englischer Historiker und Publizist

Management bedeutet, gewissenhaft zu sein, einige wenige Dinge zu tun und sie richtig zu tun. Man behüte uns vor dem genialen Manager.

Peter F. Drucker, amerikanischer Managementlehrer

Die richtigen Leute einzustellen ist das Beste, was ein Manager tun kann.

Lee Iacocca, ehemaliger amerikanischer Topmanager in der Automobilindustrie

Worin liegt die eigentliche Rolle des Managements? Im intelligenten Reagieren auf Veränderungen.

Jean-Jacques Servan-Schreiber, französischer Journalist

#10: Not all successful managers are competent and not all failed managers are incompetent. Luck still plays a part in success or failure but luck favors the competent hard working manager.

Aus „One Hundred Rules for NASA Project Managers", by Jerry Madden, edited by Rod Stewart, 1995

Der beste Manager lehrt seine Mitarbeiter nicht, wie sie denken sollen, sondern dass sie denken müssen.

Daniel Goeudevert, französischer Automanager

Ein gescheiter Mann muss so gescheit sein, Leute einzustellen, die viel gescheiter sind als er.

John F. Kennedy, amerikanischer Politiker

Die wichtigsten Körperteile des Managers sind Herz, Bauch, Seele und Nase. Sie braucht er, um

- mit dem Herz zu führen,
- dem Gefühl im Bauch zu vertrauen (auf die innere Stimme zu hören),
- die Organisation zu beseelen,
- zu riechen, dass etwas stinkt.

Tom DeMarco, aus „DER TERMIN“, Hanser 1998, S. 51

Management ist die Kunst, Verantwortung zu tragen, persönliche Risiken einzugehen und andere Menschen zu führen, und zwar nicht Kraft der eigenen hierarchischen Position, sondern Kraft der überzeugenden und täglich neu zu beweisenden Leistung. Insofern kann es sich nur um eine Autorität handeln, die dem persönlichen Charisma entspringt, verbunden mit dem richtigen Gefühl für die jeweilige Entscheidungssituation.

Daniel Goedevert, französischer Automanager

Management ist nichts anderes als die Kunst, andere Menschen zu motivieren.

Lee Iacocca, ehemaliger amerikanischer
Topmanager in der Automobilindustrie

Der gute Manager braucht einen heißen Kopf und ein weiches Herz.

Jack Welch, ehemaliger CEO von General Electric

Hier eine Übersicht der bekanntesten „Management-by“-Methoden, die vom Namen her wohl eher selten, dafür aber vom Inhalt her in der Praxis leider häufiger anzutreffen sind.

Management by...
- Almhütte: Sehr hoch angesiedelt und extrem primitiv.
- Ballon: mit viel heißer Luft nach oben gelangen.
- Babysitter: Man kümmert sich um die Angelegenheit, wo jemand am lautesten schreit.
- Champignon: Mitarbeiter im Dunkeln lassen, schön mit Mist zuschütten, und wenn sich ein heller Kopf zeigt, abschneiden.
- Dübel: Lücke erkennen, schnell reinquetschen und sofort breit machen.
- Flaschenzug: Eine Flasche zieht die andere nach oben.
- Helikopter: Über allem schweben, von Zeit zu Zeit auf den Boden zurückkommen, dann viel Staub aufwirbeln und gleich wieder ab nach oben.
- Jeans: An allen entscheidenden Stellen sitzen Nieten.
- Katze: Beide Pfoten auf dem Tisch legen und auf Mäuse warten.
- Nilpferd: Erst das Maul aufreissen – und dann untertauchen.
- Orgel: An den wichtigsten Stellen stehen die größten Pfeifen.
- Potatoes: Rein in die Kartoffeln, raus aus den Kartoffeln.
- Radfahrer: Nach unten treten, nach oben buckeln.
- Sanduhr: Alles durchlassen und warten, bis eine Wende kommt.
- Staubsauger: Der Chef surrt den ganzen Tag herum und kümmert sich um jeden Dreck.
- Zahnrad: Der Oberste macht nur eine kleine Drehung, und die Untersten geraten voll ins Rotieren.

Organisations-Management

Organisation besteht darin, weder den Dingen ihren Lauf noch den Menschen ihren Willen zu lassen.

Helmar Nahr, deutscher Mathematiker und Wirtschaftswissenschaftler

Wir übten mit aller Macht, aber immer, wenn wir begannen, zusammengeschweißt zu werden, wurden wir umorganisiert. Ich habe später im Leben gelernt, dass wir oft versuchen, neuen Verhältnissen durch Umorganisieren zu begegnen. Es ist eine phantastische Methode! Sie erzeugt die Illusion des Fortschritts, wobei sie gleichzeitig Verwirrung schafft, die Effektivität mindert und demoralisierend wirkt.

Gaius Petronius, Legionsschreiber der Stadt Köln, gefunden bei aphorismen.de

Das große Übel und Hindernis, das es bei einem Arbeitszusammenschluss einer großen Anzahl Menschen zu bekämpfen gilt, ist ein Übermaß von Organisation und die daraus resultierende Verzopfung.

Henry Ford, amerikanischer Automobilindustrieller

Wer eine neue Ordnung einführen will, hat jene zum Gegner, die aus der alten Ordnung Nutzen ziehen!

Niccolò Machiavelli, italienischer Politiker, Philosoph und Dichter

Organisation ist ein Mittel, die Kräfte des einzelnen zu vervielfältigen.

Peter F. Drucker, amerikanischer Managementlehrer

Personal-Management

Viele Menschen sind zu gut erzogen, um mit vollem Mund zu sprechen; aber sie haben keine Bedenken, dies mit leerem Kopf zu tun.

Orson Welles, US-amerikanischer Filmregisseur und Schauspieler

In vielen Unternehmen gibt es kluge Ideen. Aber nur wenige geben sich die Mühe, sie so einfach zu machen, dass alle im Unternehmen sie verstehen. Doch nur was von allen verstanden wird, kann auch von allen gelebt und umgesetzt werden.

Peter May, Lernen von den Champions, FAZ-Buch, S. 66

Business ist nichts anderes als ein Knäuel menschlicher Beziehungen.

Lee Iacocca, ehemaliger amerikanischer Topmanager

Wenn einer alles selbst machen will, braucht er sich nicht zu beklagen, dass er schließlich alles selbst machen muss.

Henri Nannen, deutscher Verleger und Publizist

Jedes Problem in einem Unternehmen ist letztlich ein Personalproblem.

Alfred Herrhausen, ehemaliger Deutsche Bank-Chef

Gute Leute können eigentlich nur dadurch motiviert werden, indem sie selbständig arbeiten können.

Aus Interviews mit erfahrenen Projektleitern und CIO's(2)

Das Teuerste im Unternehmen sind Leute, die falsche Entscheidungen treffen.

Claus Henninger, deutscher Journalist (FAZ)

Die Menschen wollen spüren, dass ihr Unternehmen für etwas Wichtiges steht. Sie möchten gerne glauben, dass das, was sie jede Woche fast vierzig Stunden lang tun, einen Unterschied ausmacht, etwas bewirkt.

Robert Watermann, amerikanischer Unternehmensberater

Wenn ein Wenn ein Projektleiter keine Projekte leiten kann, dann schicken wir ihn auf ein Training, dann kann er anschließend Projekte leiten.
Das ist wie mit dem Ski fahren. Wenn Sie nicht Ski fahren können, machen Sie doch auch einen Skikurs, oder?

Quelle: aus !Problemstellung Skischule“ 9:pm

Menschen machen Projekte

- Menschen denken
  - sie irren
- Menschen agieren
  - sie verstricken sich in Konflikten
- Menschen streben
  - sie sträuben sich gegen Veränderungen
- Menschen arbeiten in Strukturen
  - Projekte krempeln diese Verbände um

Wilfried Reiter, Autor „Die nackte Wahrheit über Projektmanagement“

Aus einem Vortrag bei der LBBW, Stuttgart 06.04.04

Wessen wir am meisten im Leben bedürfen, ist jemand, der uns dazu bringt, das zu tun, wozu wir fähig sind.

Ralph Waldo Emerson, amerikanischer Dichter und Philosoph

Personalführung ist die Kunst, den Mitarbeiter so schnell über den Tisch zu ziehen, dass er die Reibungshitze als Nestwärme empfindet.

Quelle unbekannt

Unternehmen nicht in erster Linie für Menschen da ist, für Kunden und Beschäftigte – wozu ist es dann da ?

Daniel Goeudevert, französischer Automanager

Jedenfalls ist es besser, ein eckiges Etwas als ein rundes Nichts zu sein.

Christian-Friedrich Hebbel

Gute Projektleiter sind „people-lastig".

Aus Interviews mit erfahrenen Projektleitern und CIO's [2]

Indem ein Mensch mit den ihm von Natur gegebenen Gaben sich zu verwirklichen sucht, tut er das Höchste und einzig Sinnvolle, was er tun kann.

Hermann Hesse, deutsch-schweizerischer Dichter und Schriftsteller

Man kann Leute auch dazu anleiten und ausbilden, mehr Selbständigkeit zu übernehmen. Aber es gibt auch viele, welche Dienst nach Vorschrift machen und gar nicht mitdenken wollen und für nichts verantwortlich sein wollen.

Aus Interviews mit erfahrenen Projektleitern und CIO's[2]

Projektleiter/Projektmanager

Wer glaubt, dass Projektmanager ein Job ist, in dem man gemocht werden soll, der sollte ganz schnell was anderes machen – Eisverkäufer zum Beispiel.

Aus „About....Projektmanagement" projektgeschichten.blogspot.com

Good project managers know when not to manage a project.

Mike Harding Roberts, aus „Project Management Truths" [1]

Für Unternehmen steht technisches Wissen erst an dritter oder vierter Stelle bei den wichtigsten Fähigkeiten eines Projektmanagers. Die Fähigkeit zur Kommunikation ist das Wichtigste, neben der Fähigkeit zum Risikomanagement und dem Management der Erwartungen der Leute, für die sie arbeiten.

Outlook for the Service Industry: The Planning, Implementation, and Management of IT Solutions (IDC Global Survey)

So unterschiedlich wie Projekte sein können, so unterschiedlich können auch die Anforderungen an die Persönlichkeit des Projektleiters sein.

Heinrich Kessler, aus „Karriere machen im und durch Projektmanagement"

Der Projektleiter ist für Erfolg oder Misserfolg des Projektes verantwortlich. Falsch, er ist nur für den Misserfolg verantwortlich. Für den Erfolg sind andere verantwortlich: der Manager, das gute Team....

Norbert Marschall, Project Manager

Projektmanager sind wie Dirigenten: Ohne Kenntnisse und Erfahrung hat man nicht die Fähigkeit, das ganze Projekt zu begreifen, geschweige denn, es zu steuern.

Dieter Hirsch

Baumgartner vergleicht den Projektmanager mit einem unbewaffneten Jäger, der in einem Campingzelt einen Tiger zu bändigen hat, welcher ihm vom Verkaufsmanager zugeführt wurde.

Quelle: Baumgartner (keine weiteren Angaben bekannt)

Können Sie in den Schuhen des Olympiasiegers die Rekorde laufen ?

Wilfried Reiter, aus „Die nackte Wahrheit über Projektmanagement“

Projektmanager sind fachkompetent, manchmal sind sie planungskompetent – doch zwischenmenschlich kompetent sind nur ca. zehn Prozent.

Klaus D. Tumuscheit, aus „Immer Ärger im Projekt“

Wenn nur der Kutscher klar sieht, dann wird er auch mit blinden Pferden das Ziel erreichen.

Johann Nepomuk Nestroy, österreichischer Dichter

Die einzige Möglichkeit für einen Projektmanager, inmitten sich wandelnder Umstände konsequent zu bleiben, ist es, sich mit ihnen zu wandeln, während er demselben, alles beherrschenden Ziel treu bleibt.

Frei nach Winston S. Churchill

Der Projektleiter steht mit dem Rücken an der Wand und mit dem Hintern im Putz!

Quelle: unbekannt

Successful project managers have perfected the skill of being comfortable being uncomfortable.

Mike Harding Roberts, aus „Project Management Truths“ [1]

Das wertvollste und am seltensten benutzte Wort im Wortschatz eines Projektmanagers ist „NEIN“.

Quelle: Spruecheportal.de/Managementweisheiten

Es gibt Unternehmen, die sagen zwar „Projektmanager“, hat er auch auf seiner Visitenkarte stehen, aber er ist es nicht, er ist Mitarbeiter.

Aus Interviews mit erfahrenen Projektleitern und CIO's [2]

Projektleiter führen nicht aufgrund ihres Sachverstandes in der Technik oder sonst irgendwas. Projektleiter führen, weil sie charismatisch sind, weil sie mit Leuten umgehen können, weil sie das Beste aus jedem Einzelnen herausholen können, weil sie die ihnen zugeteilten Skills so gut einsetzen, wie es irgendwo geht.

Aus Interviews mit erfahrenen Projektleitern und CIO's [2]

Man muss nur den richtigen Projektmanager für das richtige Projekt finden.

Simone Rudolph, u.a., aus „Erfolgskriterien in Projekten“

Das waren eher Projektverwalter, Projektredakteure, Journalisten, Beobachter, aber keine Projektleiter.

Aus Interviews mit erfahrenen Projektleitern und CIO's [2]

Der Multiprojektmanager rast aus der Besprechung und hastet zu seinem Dienstwagen. Sein Chauffeur: „Chef, wo darf ich Sie hinfahren?“ Antwort (völlig außer Atem): „Egal wohin, ich werde überall gebraucht!“

Quelle: informatik.uni-wuerzburg.de,
„Humor und Zitate zum Projektmanagement“

Es gibt Projektmanager, die reine Stundenzähler sind. Die sorgen aber dafür, dass das Geld da ist, die ärgern sich mit dem oberen Management rum, verteidigen die Deadline-Überschreitungen, usw….

Aus Interviews mit erfahrenen Projektleitern und CIO's [2]

Wer glaubt, dass ein Projektleiter Projekte leitet, glaubt auch, dass ein Zitronenfalter Zitronen faltet.

Quelle: Spruecheportal.de

Man ist schon dann ein guter Projektleiter, wenn man dafür sorgt, dass alle die Dinge auch tatsächlich passieren, die eigentlich selbstverständlich sind.

Bernhard Bauer, Universität Augsburg, VS SS 2007
„Projektmanagement: Einführung“, S. 14

In so eine Situation sollte ein Projektleiter besser nicht kommen: „Gratulation, Herr Müller! Sie sind Leiter unseres neuen Mega-Projekts. Tun Sie Ihr Bestes, Sie wissen, der Zeitplan ist eng.“

Aus der Einführung in die „Einhundert Regeln für NASA Projektmanager“

Es ist schwierig, ein guter Projektmanager in einer Organisation zu sein, welche die Werte des Projektmanagements nicht schätzt.

Aus einem Projektleiter-Interview

Der Projektleiter kann mit einem Orchesterdirigent verglichen werden, der die Aufgabe hat, die vorhandenen Talente und Ressourcen einzusetzen und miteinander in Einklang zu bringen.

Aus „HERMES – Die schweizer Projektführungsmethode"

Ich denke, dass der Begriff Projektmanager gerne deshalb benutzt wird, da er auf Visitenkarten (vermeintlich) besser klingt als Projektleiter. Man sollte sich nicht den amerikanischen Sprachregelungen unterwerfen. Dort ist eine Sekretärin ein Office Manager und derjenige, der im Drucker das Papier nachlegt, ein Paper Manager.

Horst Boljahn, aus „Projektleiter vs. Projektmanager"

Gute Projektmanager sind ihren Preis wert, denn der Auftraggeber erhält als Gegenleistung eine termingerechte Auftragsausführung zu den vorher vereinbarten Kosten.

Professor Heinz Schelle, aus einem Gastvortrag bei den „Wirtschaftsjunioren Garmisch-Partenkirchen"

Wenn der Projektleiter merkt, dass die Kapazitäten nicht ausreichen, ergänzt er weitere Personen wie ein Koch, der eine Suppe nachsalzt.

Aus „Einhundert Regeln für NASA Projektmanager"

Zusammenarbeit/Kooperation/Teamwork

Ein Team ist eine aktive Gruppe von Menschen, die sich auf gemeinsame Ziele verpflichtet haben, harmonisch zusammenzuarbeiten, Freude an der Arbeit haben und hervorragende Leistungen bringen, also Menschen, die eine enge Beziehung untereinander haben, um ihr Ziel zu erreichen.

Dave Francis, Don Young, aus „Mehr Erfolg im Team“

Einzeln sind wir Worte, zusammen sind wir ein Gedicht.

Georg Bydlinski, freier Schriftsteller, Wien

Die ideale Personalbesetzung erfordert über weite Strecken hinweg ein kleines Kernteam, das gegen Ende des Projektes (erst im letzten Sechstel der veranschlagten Zeit) um eine beträchtliche Zahl von Mitarbeitern ergänzt wird.

Tom DeMarco, aus „DER TERMIN“, Hanser 1998, S. 223

Ein Team unterscheidet sich von einer Gruppe dadurch, dass die Menschen nicht zusammengestellt, sondern zusammengewachsen sind.

T. Brunschede, aus: Projektmanagement –
Die Erfolgsfaktoren sind „weich“

Niemand kann eine Sinfonie pfeifen. Es braucht ein Orchester, um sie zu spielen.
(No one can whistle a symphony. It takes an orchestra to play it.)

Halford E. Luccock , amerikanischer Pastor und Schriftsteller

TEAMARBEIT

Wer allein arbeitet, addiert – wer zusammenarbeitet, multipliziert.

Orientalische Weisheit

Menschen die man zusammenbringt, bilden eine Gruppe, aber nicht zwangsläufig ein Team.

T. Brunschede, aus Projektmanagement –
Die Erfolgsfaktoren sind „weich."

Letzten Endes kann man alle wirtschaftlichen Vorgänge auf drei Worte reduzieren: Menschen, Produkte und Profite. Die Menschen stehen an erster Stelle. Wenn man kein gutes Team hat, kann man mit den beiden anderen nicht viel anfangen.

Lee Iacocca, ehemaliger amerikanischer
Topmanager in der Automobilindustrie

Um sich aufeinander einzustimmen, liegen die Delfine vor einem gemeinsamen Beutezug oft stundenlang schnatternd in einer Bucht. Und auch das menschliche Projektteam bedarf dieser Schnatterzeit, um Unklarheiten zu bewältigen und sich aufeinander und die Aufgabe einzustellen.

Matthias Nöllke, Buchautor

Beisammen sind wir, fanget an!

Johann Wolfgang von Goethe, deutscher Dichter

Man ist schlecht beraten, wenn man nur mit Leuten zusammenarbeitet, die nie widersprechen.

Ludwig Rosenberg, deutscher Gewerkschafter

Schwöre das Team immer wieder auf das große Ziel ein.

Wolff Horbach, aus „Management bei Klinsmann"

Nur der Mensch, der sich verstanden fühlt, ist bereit, sich verstehen und führen zu lassen.

Emil Oesch, schweizer Schriftsteller und Verleger

Unabhängig davon, was die Ziele sind, wie hoch der Druck ist: funktioniert das Teamgefüge, „Wir-Gefühl", hält auch das Team alles aus.

Aus Interviews mit erfahrenen Projektleitern und CIO's [2]

Mannschaften, die lachen, spielen besser.

Josef „Peppi" Hickersberger, österreichischer Fußballnationaltrainer

Mit einer Hand lässt sich kein Knoten knüpfen.

Mongolisches Sprichwort

Zu wenig Leute im Projekt können die Probleme nicht lösen – zu viele Leute im Projekt schaffen mehr Probleme, als sie lösen.

Quelle: spruecheportal.de

Team: Toll, Ein Anderer Machts!

Freie Interpretation

Team: Tue Etwas Außergewöhnliches Miteinander

Freie Interpretation

Schwierige Partner sind meist diejenigen, auf die man sich verlassen kann.

Edith Cresson, französische Politikerin

Wenn die Leute keine Mails mehr brauchen, sind sie am Ziel angekommen, dann funktioniert das Team nämlich ohne Formalisierungsregeln.

Aus Interviews mit erfahrenen Projektleitern und CIO's [2]

Überlassen Sie es nicht dem Zufall, ob ein Team zusammenwächst oder nicht: Setzen Sie, wenn irgend möglich, ein vorgeformtes Team ein.

Tom DeMarco, aus „DER TERMIN", Hanser 1998, S. 82

Wenn man beobachtet, innerhalb von wenigen Sitzungen wissen Sie, wo die Leithammel sitzen – die sind auch das Kernteam.

Aus Interviews mit erfahrenen Projektleitern und CIO's [2]

Es gibt wenig, was ein Team so gut zusammenhält, wie eine anspruchsvolle Aufgabe.

Matthias Nöllke, deutscher Buchautor

Ist ein Team gut, hat es einen geringen Sitzungsbedarf.

Fred Malik, Unternehmensberater und Mitbegründer des Management-Zentrums St. Gallen

Wenn jeder Spieler 10 Prozent von seinem Ego an das Team abgibt, haben wir einen Spieler mehr auf dem Feld.

Berti Vogts, ehemaliger Deutscher Nationaltrainer

Never change a winning team!

Volksmund

Es ist eine große Torheit, allein weise sein zu wollen.
(C'est une grande folie de vouloir être sage tout seul.)

François VI. Duc de La Rochefoucauld, französischer Moralist

Mitarbeiter bestimmen das Potential des Teams.
Beziehungen bestimmen die Moral des Teams.
Struktur bestimmt die Größe des Teams.
Vision bestimmt die Richtung des Teams.
Leadership bestimmt den Erfolg des Teams.

John C. Maxwell, aus „The 21 irrefutable qualities of a leader", 1999

Our clients know that a super team is better than a super star.

Aus einer Anzeige der Citicorp Investment Bank

Aspekte wie Solidarität, Gesamtnutzen vor Einzelnutzen und Gruppendienlichkeit müssen im Unternehmen in den Vordergrund gerückt und bewusst gelebt werden. Sie stellen die ethische Basis für die Zusammenarbeitskultur dar.

Uwe Renald Müller, deutscher Verleger, Geschäftsführer

Teamwork bewirkt, dass ganz gewöhnliche Menschen ganz ungewöhnliche Ergebnisse erzielen.

Aus Unternehmensgrundsätze, hiconsult.de

SOFTSKILLS – WIE IM LEBEN

Der Begriff der so genannten Softskills lässt sich am besten mit dem Schlagwort „Persönlichkeit“ beschreiben.

Gemeint sind prinzipiell all jene Eigenschaften, die über die fachliche Qualifikation alleine hinausgehen. Softskills lernt man in der Familie, später in der Schule und immer wieder in der täglichen Projektarbeit. Das, was Sie in Ihrem Leben bisher erfahren haben, verarbeiten Sie – Sie sammeln „Lebens-Erfahrungen“.

Aus diesen Erfahrungen lernen Sie, ziehen Konsequenzen und entwickeln Ihre Persönlichkeit. Man kann also sagen, dass Softskills ein Ergebnis Ihrer Lebenserfahrung und damit Ihrer Persönlichkeit sind.

Sie begründen gleichzeitig auch Ihr Verhalten, das Sie in bestimmten Situationen aktivieren. Sie haben gelernt, sich in den unterschiedlichsten Situationen „durchzubeißen“. Sie mussten immer wieder mit anderen Menschen kommunizieren und sich jedes Mal aufs Neue beweisen. Sie haben gelernt, sich zu verhalten und adäquat auf Ereignisse zu reagieren. So lassen sich viele dieser „Erfahrungen“ in den nachfolgenden Zitaten reflektieren.

ZUSAMMENWACHSEN
DIALOG
ORIENTIERUNG
MOTIVATION
HILFE
FEED BACK
IDENTITÄT
KOMMUNIKATION
Lie.

Ausbildung: Die Basis

If you think education is expensive, wait until you see what ignorance costs you.

John M. Capozzi, aus: „100 Secrets of Success in Business"

Eine Investition in Wissen bringt immer noch die besten Zinsen.

Benjamin Franklin, amerikanischer Politiker

Ausbildung verhindert Einbildung.

Deutsches Sprichwort

Streng dich an. Versuche soviel Ausbildung wie möglich zu bekommen, und dann, um Himmels willen, tu etwas!

Lee Iacocca, ehemaliger amerikanischer Topmanager in der Automobilindustrie

Bildung ist das, was übrig bleibt, wenn der letzte Dollar weg ist.

Mark Twain, amerikanischer Schriftsteller

Wenn unsere Piloten eine genauso schlechte Ausbildung wie unsere Manager hätten, würde sich keiner mehr in ein Flugzeug setzen.

Fred Malik, Unternehmensberater und
Mitbegründer des Management-Zentrums St. Gallen

Bildung und Ausbildung ist unser Pass für die Zukunft und Morgen gehört denjenigen, die sich heute darauf vorbereiten.

Wolfgang Gerhardt, Politiker (FDP)

Begeisterung auslösen

Mit anderen kann man sich belehren, begeistert wird man nur allein.

Johann Wolfgang von Goethe, deutscher Dichter

Begeisterung ist jene Laune des Geistes, bei der die Vorstellungskraft den besseren Teil des Urteils ausmacht.

William Warburton, englischer Theologe

Ehrliche, herzliche Begeisterung ist einer der wirksamsten Erfolgsfaktoren.

Dale Carnegie, amerikanischer Rhetoriklehrer

Begeisterung heißt Tempo, Unschlüssigkeit heißt Zögern.

Paul Auster, amerikanischer Schriftsteller

Begeisterung ist die Hefe, die deine Hoffnungen himmelwärts treibt.

Henry Ford, amerikanischer Automobilindustrieller

Ohne Begeisterung, welche die Seele mit einer gesunden Wärme erfüllt, wird nie etwas Großes zustande gebracht.

Adolph von Knigge, deutscher Schriftsteller und Sammler von Lebensregeln

Begeisterte sind Kämpfer, sie haben Seelenkräfte, sie besitzen Standfestigkeit.

Henry Ford, amerikanischer Automobilindustrieller

Man muss aus seinem Unternehmen den aufregendsten Ort der Welt machen.

Jack Welch, ehemaliger CEO von General Electric,
aus Wirtschaftswoche, Nr. 51 vom 13.12.2001

Begeisterung ist der nie erlahmende Impuls, der uns beharrlich unser Ziel verfolgen lässt.

Norman V. Peale, amerikanischer Autor

Begeisterung ist die Grundlage allen Fortschritts. Mit ihr gelingen Leistungen, ohne sie höchstens Ausreden.

Henry Ford, amerikanischer Automobilindustrieller

Begeisterung ist ein guter Treibstoff, doch leider verbrennt er zu schnell.

Albert Schweitzer, deutscher Philosoph und Arzt

Begeisterung und Optimismus sind die Beine des Lebens.

Peter E. Schumacher, deutscher Publizist

Wenn Du begeisterungsfähig bist, kannst du alles schaffen.

Henry Ford, amerikanischer Automobilindustrieller

Begeisterung ist ein Feuer, das die Innenwelt in Fluss hält, aber die Vernunft muss ihr die Gussform richten, in die sich das geschmolzene Metall ergießt, sonst verfließt alles gehalt- und gestaltlos.

Otto von Leixner, deutscher Journalist und Schriftsteller

Begeisterung spricht nicht immer für den, der sie erweckt, und immer für den, der sie empfindet.

Marie von Ebner-Eschenbach, österreichische Schriftstellerin

Begeisterung ist darum so schätzenswert, weil sie der menschlichen Seele die Kraft einflößt, ihre schönsten Anstrengungen zu machen und fortzusetzen.

Samuel Smiles, englischer Moralschriftsteller.

Ohne Begeisterung ist noch nie etwas Großes erreicht worden.

Ralph Waldo Emerson, amerikanischer Philosoph

Wo ein Begeisterter steht, ist der Gipfel der Welt.

Joseph Freiherr von Eichendorff, deutscher Lyriker und Erzähler

Die Begeisterungsfähigkeit trägt deine Hoffnungen empor zu den Sternen. Sie ist das Funkeln in deinen Augen, die Beschwingtheit deines Ganges, der Druck deiner Hand und der Wille und die Entschlossenheit, deine Wünsche in die Tat umzusetzen.

Henry Ford, amerikanischer Automobilindustrieller

Erfolg ist die Fähigkeit, von einem Misserfolg zum anderen zu gehen, ohne seine Begeisterung zu verlieren.

Sir Winston Churchill, englischer Politiker

Delegieren können

Einer der besten Wege, die Moral aufzubauen und das Interesse an der Arbeit zu vergrößern, ist das konsequente Delegieren von Verantwortung.

Cyril Northcote Parkinson, britischer Historiker und Publizist

Delegieren ist eine Königsdisziplin.

Jochen Kienbaum, Personalberatungskonzern, aus Karriere 08/05, S. 104

Eine sehr gute Art, eine angenehme Atmosphäre zu schaffen, ist, die Leute in einem Betrieb so viel wie möglich selber machen und die Entscheidungen auf dem niedrigst möglichen Niveau treffen zu lassen: das ist die beste Methode, Führungskräfte zu trainieren.

Cyril Northcote Parkinson, britischer Historiker und Publizist

Ich arbeite nach dem Prinzip, dass man niemals etwas selbst tun soll, was jemand anderes für einen erledigen kann.

John Davidson Rockefeller, amerikanischer Großindustrieller

Wer sich zu wichtig für kleine Arbeiten hält, ist meist zu klein für wichtige Aufgaben.

Jacques Tati, französischer Schauspieler und Filmkomiker

Das grundlegende Geheimnis der Kunst des Managens besteht im Delegieren.

Cyril Northcote Parkinson, britischer Historiker und Publizist

Autorität lässt sich delegieren, Verantwortung nicht.

Quelle: home.fhtw-berlin.de/.....Aphorismen

Wer seiner Führungsrolle gerecht werden will, muss genug Vernunft besitzen, um die Aufgaben den richtigen Leuten zu übertragen, und genügend Selbstdisziplin, um ihnen nicht ins Handwerk zu pfuschen.

Theodore Roosevelt, 26. Präsident der Vereinigten Staaten von Amerika

Richtiges Management heißt, die Aufgaben zur richtigen Zeit an die richtigen Leute zu delegieren.

Frank Dommenz, Malermeister und Illustrator

Delegiert heißt nicht automatisch auch „erledigt".

Quelle: „Aha!Plakat – Motivations-Poster", L. N. Schaffrath NeueMedien GmbH

Willst du etwas erledigt haben, geh selbst; wenn nicht, schick andere.
(If you'd have it done, go; if not, send.)

Benjamin Franklin, amerikanischer Politiker

Mit dem, was du selber tun kannst, bemühe nie andere.

Thomas Jefferson, 3. Präsident der Vereinigten Staaten von Amerika

Alles selbst machen zu wollen, ist das Kennzeichen des Unbegabten.

Richard Schaukal, österreichischer Schriftsteller

Diskutieren können

Es ist besser eine Frage zu diskutieren, ohne sie zu entscheiden, als eine Frage zu entscheiden, ohne sie zu diskutieren.

Joseph Joubert, französischer Moralist und Essayist

Diejenigen, welche widersprechen und streiten, sollten mitunter bedenken, dass nicht jede Sprache jedem verständlich sei.

Johann Wolfgang von Goethe, deutscher Dichter

Der Einklang ist bei der Diskussion etwas ganz Unerwünschtes.

Michel De Montaigne, französischer Politiker und Philosoph

Ein weises Wort ist jenes, das die Menschen lehrt, die Reden anzuhören auch des andern Teils.

Euripides, griechischer Dichter

Drei Jahre Bücher lesen ist nicht so gut, wie einem Disput zuzuhören.

Chinesisches Sprichwort

Ohne Vorbehalte kann man nur mit jemandem diskutieren, wenn dieser von der Sache nichts versteht.

Ernst R. Hauschka, deutscher Aphoristiker und Essayist

Diskussionen haben lediglich den Wert, dass einem die guten Gedanken hinterher einfallen.

Arno Schmidt, deutscher Erzähler, Essayist und Biograph

Zwei Monologe, die sich gegenseitig immer und immer wieder störend unterbrechen, nennt man eine Diskussion.

Charles Tschopp, Schweizer Schriftsteller und Aphoristiker

Wahrheiten verwandeln sich in Dogmen, sobald sie diskutiert werden.

Gilbert Keith Chesterton, englischer Schriftsteller

Eine Diskussion ist unmöglich mit jemanden, der vorgibt, die Wahrheit nicht zu suchen, sondern schon zu besitzen.

Roman Rolland, französischer Schriftsteller

Der Widerspruch ist es, der uns produktiv macht.

Johann Wolfgang von Goethe, deutscher Dichter

Übrigens aber rate ich auch an, um seiner selbst und um andrer willen ja nicht zu glauben, es sei irgendeine Gesellschaft so ganz schlecht, das Gespräch irgendeines Mannes so ganz unbedeutend, dass man nicht daraus irgendetwas lernen, irgendeine neue Erfahrung, irgendeinen Stoff zum Nachdenken sammeln könnte.

Adolph Freiherr von Knigge, deutscher Schriftsteller

Das Schwierigste am Diskutieren ist nicht, den eigenen Standpunkt zu verteidigen, sondern ihn zu kennen.

André Maurois, eigentlich Emile Herzog, französischer Schriftsteller

Ist es denn so schlimm, missverstanden zu werden ?

Ralph Waldo Emerson, US-amerikanischer Philosoph

Die Leute streiten im allgemeinen nur deshalb, weil sie nicht diskutieren können.

Gilbert Keith Chesterton, englischer Schriftsteller

Nur aus dem Pro und Contra entsteht eine gesicherte Meinung.

Heinz Kriwet, deutscher Topmanager, bis 1996 Vorstandsvors. Thyssen AG

Nicht um die Behauptung geht es in der Diskussion, sondern um die Selbstbehauptung.

Charles Tschopp, Schweizer Schriftsteller und Aphoristiker

Ein weises Wort ist jenes, das die Menschen lehrt, die Reden anzuhören auch des andern Teils.

Euripides, griechischer Dramatiker

Ich mache mir ein Vergnügen daraus, widerlegt zu werden, wenn man es nur nicht mit einer so gebieterischen und meisterlichen Miene tut.

Michel de Montaigne, französischer Politiker und Philosoph

Du sollst nicht vor einem Argument in die Knie brechen. Vielleicht überzeugt es nur, beweist aber nichts.

Ludwig Marcuse, deutscher Philosoph und Literaturkritiker

Diskussion ist der Übungsplatz des Geistes.

Charles Tschopp, Schweizer Schriftsteller und Aphoristiker

Eitelkeit ist die Seele der Diskussion.

Lothar Schmidt, deutscher Schriftsteller und Volkswirtschaftler

Es hört doch jeder nur, was er versteht.

Johann Wolfgang von Goethe, deutscher Dichter

Entscheidungen treffen

Es ist besser, unvollkommene Entscheidungen zu treffen, als ständig nach vollkommenen Entscheidungen zu suchen, die es niemals geben wird.

Charles de Gaulle, französischer Politiker und General

Es ist schwierig genug, Entscheidungen zu treffen, aber zehnmal schwieriger, sie zu realisieren.

Niccolò Machiavelli, italienischer Politiker, Philosoph und Dichter

Ein Mann stand vor einer Entscheidung, die sowohl seine Karriere als auch die Lebensumstände seiner ganzen Familie grundlegend beeinflussen würde. Diese Entscheidung zu treffen war für ihn eine Qual, und als sie gefallen war, plagten ihn immer noch furchtbare Zweifel. Da zitierte ein Freund den Rat eines früheren Schuldirektors: „Wenn die Entscheidung getroffen ist und der Würfel gefallen", hatte dieser kluge Mann gesagt, „dann erschlagt alle Alternativen!"

Quelle: unbekannt

Nur ganz wenige sind so dumm, dass sie nicht durch eine falsche Entscheidung klüger werden.

Jacques Bellavente

Wenn du eine Entscheidung treffen sollst, und triffst keine, so ist das selbst eine Entscheidung.

William James, amerikanischer Psychologe

Zu mancher richtigen Entscheidung kam es nur, weil der Weg zur falschen gerade nicht frei war.

Hans Krailsheimer, deutscher Schriftsteller

An irgendeinem Punkt muss man den Sprung ins Ungewisse wagen. Erstens, weil selbst die richtige Entscheidung falsch ist, wenn sie zu spät erfolgt. Zweitens, weil es in den meisten Fällen so etwas wie eine Gewissheit gar nicht gibt.

Lee Iacocca, ehemaliger amerikanischer Topmanager in der Automobilindustrie

Eine falsche Entscheidung zu akzeptieren und hinzunehmen, ist meistens die richtige Entscheidung.

Jacques Bellavente

Wer darauf besteht, alle Faktoren zu überblicken, bevor er sich entscheidet, wird sich nie entscheiden.

Henri Frédéric Amiel, schweizer Schriftsteller und Philosoph

Was nicht auf einer einzigen Manuskriptseite zusammengefasst werden kann, ist weder durchdacht noch entscheidungsreif.

Dwight D. Eisenhower, 34. Präsident der Vereinigten Staaten von Amerika

Wer jede Entscheidung zu schwer nimmt, kommt zu keiner.

Harold MacMillan, englischer konservativer Politiker und Verleger

Der Schwache zweifelt vor der Entscheidung, der Starke danach.

Karl Kraus, österreichischer Schriftsteller

Erfahrungen sammeln

Erfahrungen sammelt man wie Pilze: Einzeln und mit dem Gefühl, dass die Sache nicht ganz geheuer ist.

Erskine Caldwell, amerikanischer Schriftsteller

Als wenn ein Mensch mit den Erfahrungen eines anderen das Geringste anfangen könnte! Die Erfahrungen des einen können für den anderen manchmal amüsant, öfters verwirrend, aber nie lehrreich sein.

Arthur Schnitzler, aus „Der Weg ins Freie"

Kluge Leute suchen die Erfahrungen aus, die sie zu machen wünschen.

Aldous Huxley, britischer Schriftsteller

Erfahrungen sammelt man meist dann, wenn man gar nicht darauf gefasst ist.

F. H. Jacobi, deutscher Philosoph, Jurist und Kaufmann

„Nur Narren behaupten, aus Erfahrungen zu lernen. Ich zieh es vor, von der Erfahrung anderer zu profitieren."

Otto von Bismarck, deutscher Staatsmann

Erfahrung ist wie eine Laterne im Rücken: Sie beleuchtet immer nur das Stück des Weges, was wir bereits hinter uns haben.

Konfuzius, chinesischer Philosoph

Erfahrungen sind Maßarbeit. Sie passen nur dem, der sie macht.

Carlo Levi, italienischer Schriftsteller, Maler und Politiker

Es ist kaum zu glauben, wie wenig manche Menschen selbst aus den härtesten Erfahrungen lernen.

Albert Einstein, deutscher Physiker

Die Erfahrung kostet ein hohes Schulgeld, aber ihr Unterricht ist unbezahlbar.

Thomas Carlyle, schottischer Essayist und Historiker

Erfahrung ist verstandene Wahrnehmung.

Immanuel Kant, deutscher Staatsphilosoph

Geist gleicht dem Schwerte und Erfahrung dem Wetzstein.

Aus Arabien

In Hinsicht auf den Begriff „Erfahrung“ gibt es zwei unangenehme Sorten von Leuten: die, denen Erfahrung mangelt, und die, welche sich auf ihre Erfahrung zu viel zugute tun.

Hugo von Hofmannsthal, österreichischer Lyriker,
Dramatiker, Erzähler und Essayist

Erfahrungen sind die Goldgrube des Lebens. Manche Menschen errichten eine Mine, manche lassen die Schätze brach liegen.

Mae West, amerikanische Filmschauspielerin

Erfahrung ist nicht das, was einem zustößt. Erfahrung ist das, was man aus dem macht, was einem zustößt.

Aldous Huxley, britischer Schriftsteller

Es ist besser, sich von Erfahrungen als von Zielen leiten zu lassen.

Martin Walser, deutscher Schriftsteller

Ein Mensch hat dreierlei Wege, klug zu handeln:
Erstens: Durch Nachdenken – das ist der edelste.
Zweitens: Durch Nachahmen – das ist der leichteste.
Drittens: Durch Erfahrung – das ist der bitterste.

Konfuzius, chinesischer Philosoph

Experience is one thing you can't get for nothing.

Oscar Wilde, irischer Schriftsteller

Da würde ich soweit gehen und sagen, das ist die eigene Erfahrung, und die würde ich gar nicht hergeben – wozu?

Aus Interviews mit erfahrenen
Projektleitern und CIO's [2]

Wir sollten darauf achten, einer Erfahrung nur so viel Weisheit zu entnehmen, wie in ihr steckt – mehr nicht. Damit wir nicht der Katze gleichen, die sich auf eine heiße Herdplatte setzte. Sie setzt sich nie wieder auf eine heiße Herdplatte – und das ist richtig. Aber sie setzt sich auch nie wieder auf eine kalte.

Mark Twain, amerikanischer Schriftsteller

Wir sagen „Erfahrung" und denken dabei, wie wir es hätten machen sollen.

Hans Arndt, deutscher Aphoristiker, Novellist und Schriftsteller

Die besten Erfahrungen sind die, die andere schon gemacht haben.

Witold Rowicki, polnischer Musiker und Dirigent

Nimm die Erfahrung und die Urteilskraft der Menschen über 50 heraus aus der Welt, und es wird nicht genug übrigbleiben, um ihren Bestand zu sichern.

Henry Ford, amerikanischer Automobilindustrieller

Die Erfahrung kann man nicht durch einen Trichter bekommen – das geht nicht.

Aus Interviews mit erfahrenen Projektleitern und CIO's [2]

Die Erfahrungen sind die Samenkörner, aus denen die Klugheit emporwächst.

Konrad Adenauer, erster deutscher Bundeskanzler

Unsere Weisheit kommt aus unserer Erfahrung. Unsere Erfahrung kommt aus unseren Dummheiten.

Sacha Guitry, französischer
Dramatiker, Schauspieler und Regisseur

Vieles erfahren zu haben, heißt noch nicht Erfahrung besitzen.

Marie von Ebner-Eschenbach, österreichische Schriftstellerin

A caballo nuevo, caballero viejo.
(Ein junges Pferd braucht einen alten Reiter.)

Sprichwort oder Redensart aus Spanien.

Vergeben und Vergessen heißt, gemachte kostbare Erfahrungen zum Fenster hinauswerfen.

Arthur Schopenhauer, deutscher Philosoph

Erfahrungen vererben sich nicht – jeder muss sie allein machen.

Kurt Tucholsky, deutscher Schriftsteller

Mangel an Erfahrung veranlasst die Jugend zu Leistungen, die ein erfahrener Mensch niemals vollbringen würde.

Jean Duché, französischer Philologe und Jurist

Es gibt keine unnützen Erfahrungen, nur ungenutzte.

Peter Tille, deutscher Schriftsteller

Weise ist nicht, wer viele Erfahrungen macht, sondern wer aus wenigen lernt, viele nicht machen zu müssen.

Karlheinz Deschner, deutscher Schriftsteller und Kirchenkritiker

Man kann die Erfahrung nicht früh genug machen, wie entbehrlich man in der Welt ist.

Johann Wolfgang von Goethe, deutscher Dichter

Erfahrung ist der beste Lehrmeister. Nur das Schulgeld ist teuer.

Thomas Carlyle, schottischer Essayist und Historiker

Erfolge/Misserfolge haben

Es ist eine alte Management-Weisheit, dass Erfolg unmittelbar Erfolg nach sich zieht. Wir sollten allerdings nicht vergessen, dass Erfolg auch die Umsetzung von Wissen in Entscheidungen ist – und zwar personell, situativ und charismatisch.

Marie-Louise Neubeiser, aus „Den Sprung gewagt!“, Rosenberger 2004, S.1

Es gibt zwei Dinge, auf denen das Wohlgelingen in allen Verhältnissen beruht. Das eine ist, dass Zweck und Ziel der Tätigkeit richtig bestimmt sind. Das andere aber besteht darin, die zu diesem Endziel führenden Handlungen zu finden.

Aristoteles, griechischer Philosoph

Der Grund, warum manche Mitarbeiter auf der Leiter des Erfolges nicht so recht vorankommen, ist darin zu suchen, dass sie glauben, sie stünden auf einer Rolltrepppe.

Verfasser unbekannt, gefunden bei zitate-online.de

Das Geheimnis des Erfolges ist die Beständigkeit des Ziels.

Benjamin Disraeli, britischer Romanschriftsteller

Wenn es ein Geheimnis für Erfolg gibt, so ist es dies: Den Standpunkt des anderen verstehen und die Dinge mit seinen Augen sehen.

Henry Ford, amerikanischer Automobilindustrieller

Es tut erfolgreichen Menschen manchmal ganz gut, wieder eine schwarze Serie zu haben.

Boris Becker, ehemailger deutscher Profi-Tennisspieler

Für viele ist der Weg am ersten Hindernis zu Ende. Für Erfolgreiche fängt er erst an.

Hans Jürgen Beyer, Seminar- und Schulungsleiter, gefunden bei borco.de/seminare

Das Wissen um den richtigen Zeitpunkt ist der halbe Erfolg.

Maurice Couve de Murville, französischer Politiker

Bei den meisten Erfolgsmenschen ist der Erfolg größer als die Menschlichkeit.

Daphne Du Maurier, englische Schriftstellerin

Der Weg zum Erfolg ist mit fremden Misserfolgen gepflastert.

Zarko Petan, slowenischer Aphoristiker

Also irgendwie unbewusst wissen wir alle, dass der Erfolg im menschlichen Bereich zu suchen ist.

Aus Interviews mit erfahrenen Projektleitern und CIO's [2]

Der Erfolg zählt. Die Misserfolge werden gezählt.

Nikolaus Cybinski, deutscher Aphoristiker

Erfolg besteht darin, dass man genau die Fähigkeiten hat, die im Moment gefragt sind.

Henry Ford, amerikanischer Automobilindustrieller

Dabei sein ist achtzig Prozent des Erfolgs.

Woody Allen, amerikanischer Filmregisseur

Erfolg im Projekt stellt sich ein, wenn Sie die Aufmerksamkeit auf das lenken, was es braucht!

Wilfried Reiter, aus „Die nackte Wahrheit über Projektmanagement"

Wenn Du Erfolg haben willst, begrenze Dich.

Charles-Augustin Saint-Beuve,
französischer Literaturkritiker und Schriftsteller

Es gibt mehr Menschen, die aufgeben, als Menschen, die scheitern.

Henry Ford, amerikanischer Automobilindustrieller

Um große Erfolge zu erreichen, muss etwas gewagt werden.

Helmuth von Moltke, preußischer Generalfeldmarschall

Zum Erfolg gibt es keinen Lift, man muss die Treppen benutzen.

Emil Oesch, schweizer Schriftsteller und Verleger

Erfolg ist ein schlechter Lehrmeister. Er lässt sogar kluge Menschen glauben, sie könnten nicht verlieren.

Bill Gates, amerikanischer Unternehmer
und Gründer von Microsoft Corporation

Erfolg ist für mich nicht persönlicher Wohlstand, sondern die Kunst, unabhängig sein Leben zu gestalten und gleichzeitig positive Impulse zu setzen.

Anita Roddich, Unternehmerin „Body Shop"

Nur wer seinen eigenen Weg geht, kann von niemanden überholt werden.

Marlon Brando, amerikanischer Schauspieler

Erfolg hat, wer ihm entgegengeht, statt ihm nachzulaufen.

Aristoteles Onassis, griechischer Reeder

Erfolgsrezept: Zeige dem Kunden, dass du sein Problem verstanden hast, und gib ihm mehr, als er erwartet.

Helmut Jahn, deutsche Stararchitekt

Fahnestock's Goldene Regel für Fehlschläge: Wenn Du auf Anhieb keinen Erfolg hast, vernichte alle Hinweise darauf, dass Du es jemals versucht hast.

Arthur Bloch, aus „Schiefe Gründe – Murphy's Gesetz"

Der Preis des Erfolges ist Hingabe, harte Arbeit und unablässiger Einsatz für das, was man erreichen will.

Frank Lloyd Wright, amerikanischer Architekt

Misserfolg ist lediglich eine Gelegenheit, mit neuen Ansichten noch einmal anzufangen.

Henry Ford, amerikanischer Automobilindustrieller

Was alle erfolgreichen Menschen miteinander verbindet, ist die Fähigkeit, den Graben zwischen Entschluss und Ausführung äußerst schmal zu halten.

Peter F. Drucker, amerikanischer Managementlehrer

Wer immer erfolgreich ist, riskiert zu wenig. Ihre Erfolgsquote sollte bei 80 bis 90% liegen. Dann bleiben Sie offen für Veränderungen.

Naina Lal Kidwai, CEO der britischen Bank HSBC in Indien, aus Interview „Geld motiviert mich nicht“, Capital 19/2007, S. 145

Ein fester Vorsatz ist das wichtigste Instrument für Erfolg.

Lord Chesterfield, englischer Politiker und Schriftsteller

Man kann niemanden überholen, wenn man in seine Fußstapfen tritt.

Francois Truffaut, französischer Filmregisseur

Der wichtigste Schritt zum Erfolg ist, sich überhaupt dafür zu interessieren.

Sir William Osler, kanadischer Mediziner

Wer den Weg des Erfolges sucht, soll sich solche Begleiter wie „aber“, „vielleicht“, oder „eventuell“ zu Hause lassen.

Joachim Panten, deutscher Aphoristiker und Publizist

Ich kenne keinen sicheren Weg zum Erfolg, nur einen zum sicheren Misserfolg: Es jedem recht machen zu wollen.

Plato, griechischer Philosoph

Jeder Erfolg, den man erzielt, schafft einen Feind.
Man muss mittelmäßig sein, wenn man beliebt sein will.

Oscar Wilde, irischer Schriftsteller

Der Erfolg eines Projektes hängt hauptsächlich von zwei Dingen ab: 1. Glück und 2. einem tollen Projektnamen!

Scott Adams, The Dilbert Principle

Ein ehrlicher Misserfolg ist keine Schande; Furcht vor Misserfolgen dagegen ist eine Schande.

Henry Ford, amerikanischer Automobilindustrieller

Alles Gelingen hat sein Geheimnis, alles Misslingen seine Gründe.

Joachim Kaiser, deutscher Journalist und Musikkritiker

Erfolg ist ein Geschenk – eingepackt in harte Arbeit.

Ernst Ferstl, österreichischer Lehrer und Autor

Ab einer gewissen Projektkomplexität kann niemand mehr sagen, ob das Projekt ein Erfolg oder ein Misserfolg wird.

Aus Interviews mit erfahrenen Projektleitern und CIO's [2]

Jeder Rückschlag enthält ein Samenkorn des Erfolgs.

Erich Lejeune, deutscher Unternehmer und Autor

Das geilste am Erfolg ist der Enthusiasmus, den er weckt.

Peter Schumacher, deutscher Aphorismensammler und Publizist

Misserfolge sind kein Hindernis, sie versprechen nur das künftige Gelingen.

Heinrich Mann, deutscher Schriftsteller

Misserfolge sind Ratenzahlungen für den Erfolg.

Verfasser unbekannt, gefunden bei sinnsprueche.de

Unsere Fehlschläge sind oft erfolgreicher als unsere Erfolge.

Henry Ford, amerikanischer Automobilindustrieller

Ein gemeinsames „Wir-Gefühl" gibt es im Erfolg, aber nicht im Misserfolg.

Aus Interviews mit erfahrenen Projektleitern und CIO's [2]

Nur der ist erfolgreich in seinem Geschäft, der von der Tätigkeit leben kann, die ihm die größte Freude bereitet.

Henry David Thoreau, amerikanischer Schriftsteller und Philosoph

Wenn Du Erfolg haben willst, dann verdopple Deine Fehlerrate.

Thomas Watson, amerikanischer Geschäftsmann und Gründer von IBM

Holzhacken ist deshalb so beliebt, weil man bei dieser Tätigkeit den Erfolg sofort sieht.

Albert Einstein, deutscher Physiker

Mit etwas Geschick kann man sich aus den Steinen, die einem in den Weg gelegt werden, eine Treppe bauen.

Robert Lembke, deutscher Journalist

Fehlschläge sind die Würze, die dem Erfolg sein Aroma geben.

Truman Capote, amerikanischer Schriftsteller

Fehler machen dürfen

Denn der Fehler liegt im Anfang, und der Anfang, heißt es, ist die Hälfte des Ganzen, so dass also auch ein kleiner Fehler im Beginn entsprechend große Fehler im weiteren Verlauf zur Folge hat.

Aristoteles, griechischer Philosoph

Die Reparatur alter Fehler kostet oft mehr als die Anschaffung neuer.

Wieslaw Brudzinski, polnischer Satiriker

Intelligente Fehler zu machen ist eine große Kunst.

Frederico Fellini, italienischer Regisseur

Man nimmt dem Menschen das Beste, wenn man ihn von seinen Fehlern trennen will.

Karl Heinrich Waggerl, österreichischer Schriftsteller

Lieber mehrmals scheitern, als gar nichts probiert.

Quelle: unbekannt

Die schlimmsten Fehler macht man in der Absicht, einen Fehler gutzumachen.

Jean Paul, deutscher Schriftsteller

Jeder will lieber fremde Fehler verbessert haben als eigene.

Marcus Fabius Quintilian, römischer Rethoriklehrer

Kleine Fehler geben wir gern zu, um den Eindruck zu erwecken, wir hätten keine großen.

François VI. Duc de La Rochefoucauld, französischer Moralist

Jeder Fehler erscheint unglaublich dumm, wenn andre ihn begehen.

Georg Christoph Lichtenberg, deutscher Schriftsteller

Der schlimmste aller Fehler ist, sich keines solchen bewusst zu sein.

Thomas Carlyle, schottischer Essayist und Historiker

Wer arbeitet, macht Fehler. Wer viel arbeitet, macht mehr Fehler. Nur wer die Hände in den Schoß legt, macht gar keine Fehler.

Alfred Krupp, deutscher Industrieller und Erfinder

Der Mensch hat es so gern, wenn man über ihn spricht, dass ihn sogar eine Unterhaltung über seine Fehler entzückt.

André Maurois, französischer Schriftsteller

Man fällt nicht über seine Fehler. Man fällt immer über seine Feinde, die diese Fehler ausnutzen.

Kurt Tucholsky, deutscher Schriftsteller

Jeder Mensch macht Fehler. Das Kunststück liegt darin, sie dann zu machen, wenn keiner zuschaut.

Sir Peter Alexander Ustinov, englischer Schriftsteller und Schauspieler

Fehler des Tuns sind meist heilbringender als Fehler des Lassens.

Karl Foerster, deutscher Gärtner, Schriftsteller und Philosoph

Fehler sind exzellente Informationsquellen.

Peter E. Schumacher, deutscher Publizist und Aphoristiker

Der Laie wiederholt seine Fehler, der Profi macht neue.

Quelle: Unbekannt

Ich habe ungeheuer viele Fehler gemacht, aber ich habe daraus gelernt!

Reinhard Mohn, deutscher Unternehmer und Stifter (Bertelsmann)

Es ist ein großer Vorteil im Leben, die Fehler, aus denen man lernen kann, möglichst frühzeitig zu machen.

Winston Churchill, englischer Politiker

Wer noch nie einen Fehler gemacht hat, hat sich noch nie an etwas Neuem versucht.

Albert Einstein, deutscher Physiker

Wer einen Fehler begeht und ihn nicht korrigiert, begeht einen zweiten.

Konfuzius, chinesischer Philosoph

Man muss seine Feinde achten, denn diese bemerken zuerst unsere Fehler.

Antisthenes, griechischer Philosoph

Führung/Leadership zeigen

Von den Wölfen lernen? Manch ein Projektleiter runzelt bei diesem Gedanken zunächst die Stirn. Schließlich sind Mensch und Tier nicht ohne weiteres vergleichbar. Obwohl sehr viele Verhaltensweisen der Wölfe im Rudel Vorbild für eine erfolgreiche Teamarbeit in Projekten sein können: Der Wolf besitzt ein ausgeprägtes Sozialverhalten, ist stark anpassungsfähig und hoch sensibel, lebt und jagt in Gruppen, die aus mehreren Generationen bestehen, koordiniert seine Aufgaben in der Gruppe und lässt sich von einem Leitwolf führen.

Aus GPM-Erfahrungsaustausch
„Führen mit Biss – Von den Wölfen lernen", 2007, Voss-Consulting

Der Kontakt zu den Mitarbeitern bildet den Kern der Führungsaufgabe.

Eva Strasser, deutsche Diplompsychologin und Trainerin

Eine Führungskraft muss Pläne schmieden, Anweisungen geben und darauf achten, dass die Arbeit zu Ende gebracht wird.

Cyril Northcote Parkinson,
britischer Historiker und Publizist

Wer Menschen führen will, muss ein Praktiker und ein Realist sein. Aber er muss die Sprache sprechen des Idealisten und des Sehers.

Eric Hoffer, amerikanischer Philosoph

Motivieren durch Visionen, Führen durch Sog statt mit Druck, Autorität ohne autoritär zu sein: es wird einiges erwartet vom modernen (Projekt-)Manager. Persönlichkeit heißt das Zauberwort, und aus den USA kommt schon der Begriff „mental power leadership“. Indianer haben ihren „chief“ schon immer nach diesen Prinzipien gewählt; ohne soziale Verantwortung, ohne Spiritualität wurde keiner „leader“.

Quelle: unbekannt

Den guten Steuermann lernt man erst im Sturme kennen.

Lucius Annaeus Seneca, römischer Philosoph,
Dramatiker, Naturforscher und Staatsmann

Die Fähigkeiten eines Chefs erkennt man an seiner Fähigkeit, die Fähigkeiten seiner Mitarbeiter zu erkennen.

Robert Lembke, ehemaliger deutscher
Journalist und Fernsehmoderator

Nur wenige Führungskräfte sehen ein, dass sie letztlich nur eine Person führen müssen, nämlich sich selbst!

Peter F. Drucker, amerikanischer Managementlehrer

Behandle die Menschen so, als wären sie, was sie sein sollten, und du hilfst ihnen zu werden, was sie sein können.

Johann Wolfgang von Goethe, deutscher Dichter

Auch Wildgänse haben einen Führer.

chinesisches Sprichwort

Eine gute Führungskraft gibt jedem Teammitglied das Gefühl, es habe selbst entschieden.

Daniel Goeudevert, französischer Automanager

Der wichtigste Erfolgsfaktor eines Unternehmens ist nicht das Kapital oder die Arbeit, sondern die Führung.

Reinhard Mohn, deutscher Unternehmer und Stifter (Bertelsmann)

Der neue Führertyp im anbrechenden Zeitalter der partizipatorischen Demokratie ist ein Möglichmacher, ein Entscheidungs-Erleichterer, kein Befehlsgeber.

John Naisbitt, amerikanischer Zukunftsforscher

Führungspersönlichkeiten sind Leute, die beharrlich ihre Abhängigkeit vom Personal leugnen.

Peter E. Schumacher, deutscher Publizist und Aphoristiker

Eine von einem Löwen geführte Armee von Rehen ist gefährlicher als eine von einem Reh geführte Armee von Löwen.

Plutarch, griechischer Philosoph und Schriftsteller

Führung, das heißt vor allem: andere zum Erfolg bringen.

Herbert Gienow, deutscher Topmanager

Der wahre Führer ist daran zu erkennen, dass seine Leute immer irgendwie die beste Arbeit liefern.

Robert Townsend, amerikanischer Wirtschaftsmanager

Example is leadership.

Albert Schweitzer, deutscher Philosoph und Arzt

Manche verwechseln Management und Leadership und glauben, wenn sie eine Sache ordentlich managen, das sei schon genug. Leadership ist mehr. Managen können Sie lernen, für Leadership brauchen Sie eine Veranlagung.

Lothar Späth, aus „Den Sprung gewagt! Live-Interview mit Führungspersonen aus Wirtschaft, ...“ von Marie-Louise Neubeiser, Rosenberger 2004, S. 9

The essence of leadership is vision. It's got to be a vision you articulate clearly and forcefully on every occasion.You can't blow an uncertain trumpet.

Father Theodore Hesburgh, President of the University of Notre Dame

Führen ist eine besondere Kategorie des Dienens.

Hans L. Merkle, deutscher Topmanager

Managers are people who do things right, while leaders are people who do the right thing.

Warren Bennis, amerikanischer Wirtschaftswissenschaftler

Don´t manage, lead.

Jack Welch, ehemaliger CEO von General Electric

In welcher Kunst auch immer – ein Meister erscheint nie schnell in seinen Bewegungen.

Miyamoto Musashi, japanischer Samurai

...Vertrauen zu schaffen ist eine ganz wichtige Managementfähigkeit. Dies ist eigentlich nicht managen, sondern das ist Leadership.

Lothar Späth, aus „Den Sprung gewagt! Live-Interview mit Führungpersonen aus Wirtschaft, ..." von Marie-Louise Neubeiser, Rosenberger 2004, S. 9

Man muss die Menschen kennen, um sie führen zu können.

Rudolf von Bennigsen-Foerder, ehemaliges Vorstandsvorsitzender der Veba AG

Ein exzellenter Leader weckt die Leidenschaft der Mitarbeiter. Sie wollen genau für diesen Vorgesetzten arbeiten.

Naina Lal Kidwai, CEO der britischen Bank HSBC in Indien, aus Interview „Geld motiviert mich nicht", Capital 19/2007, S. 145

Führen heißt Dinge, die man als falsch ansieht, auch zu ändern.

Eckhard Cordes, deutscher Manager

Es gibt in Amerika eine sehr schöne Unterscheidung zwischen dem alten Chef-Gebaren und dem, was wir heute unter Leadership verstehen. Der Unterschied, so sagen die Amerikaner, ist folgender: A boss says „Go!" – A leader says „Let's go!"

Verfasser unbekannt, gefunden bei zitate.de

Echte Leader schauen nicht in Führungsbücher, sondern in die Augen ihrer Mitarbeiter.

Monique R. Siegel, schweizer Unternehmensberaterin

„Well done is better than well said."

Benjamin Franklin, amerikanischer Staatsmann

Führen ist etwas Aktives. Führen lockt im einzelnen das Leben hervor, das in ihm schlummert. Es motiviert den Mitarbeiter, die Gaben, die Gott ihm geschenkt hat, zu entfalten. Führen ist die Kunst, den Schlüssel zu finden, der die Schatztruhe des Mitarbeiters aufschließt und ihm das Gefühl vermittelt, dass in ihm viele Möglichkeiten und Fähigkeiten stecken. Führen heißt, die Lust zu wecken an der Entfaltung der eigenen Fähigkeiten und am Dienst für die Gemeinschaft.

Anselm Grün, Benediktinermönch und Managementtrainer
in „Menschen führen – Leben wecken", S. 51

In a learning organization, leaders are designers, stewards and teachers. They are responsible for building organizations where people continually expand their capabilities to understand complexity, clarify vision, and improve shared mental models – that is they are responsible for learning….

Peter M.Senge aus „The Fifth Discipline",1990, S.340

Der wahre Führer braucht nicht zu führen – er ist zufrieden, den Weg zu zeigen.
(The real leader has no need to lead – he is content to point the way.)

Henry Miller, amerikanischer Schriftsteller

Gewinne machen

Gewinn ist so notwendig wie die Luft zum Atmen, aber es wäre schlimm, wenn wir nur wirtschafteten, um Gewinne zu machen, wie es schlimm wäre, wenn wir nur lebten, um zu atmen.

Hermann Josef Abs, ehemaliger deutscher Bankier

Wo Profit ist, da liegt der Verlust verborgen in der Nähe.

japanisches Sprichwort

Wenn man die Mitarbeiter am Profit teilhaben lässt, sind sie motivierter, gute Arbeit zu leisten.

Lee Iacocca, ehemaliger amerikanischer Topmanager in der Automobilindustrie

Der Gewinn ist Maßstab, nicht Ziel eines Unternehmens.

Hans L. Merkle, deutscher Topmanager

Du sollst die Dienstleistung über den Gewinn stellen..... Der Gewinn muss nicht die Basis, sondern das Resultat der Dienstleistung sein.

Henry Ford, amerikanischer Automobilindustrieller, aus „Mein Leitgedanke-1922"

Wer nur um Gewinn kämpft, erntet nichts, wofür es sich lohnt zu leben.

Antoine de Saint-Exupéry, französischer Schriftsteller und Flieger

Ideen haben und durchsetzen

Ideen sollte man empfangen wie Gäste – zuvorkommend, aber unter der Voraussetzung, dass sie ihre Gastgeber nicht tyrannisieren.

Alberto Moravia, italienischer Schriftsteller

Der Einfall ist ein Schritt mit Siebenmeilenstiefeln, die Ausführung der Weg zurück zu Fuß.

Peter Tille, deutscher Aphoristiker

Große Gedanken brauchen nicht nur Flügel, sondern auch ein Fahrgestell zum Landen.

Neil Armstrong, amerikanischer Astronaut

Ideen kennen keine Freizeit.

Kalenderspruch

Man muss Ideen sofort verwirklichen, sonst wächst Unkraut darüber.

Hans Stern, brasilianischer Konzernchef

Nichts ist so stark, wie eine Idee, deren Zeit gekommen ist.

Victor Hugo, französischer Lyriker, Romantiker und Maler

Das Schwerste an einer Idee ist nicht, sie zu haben, sondern zu erkennen, ob sie gut ist.

Chris Howland, englischer Entertainer

Mancher lehnt eine gute Idee bloß deshalb ab, weil sie nicht von ihm ist.

Luis Buñuel, spanischer Filmregisseur

Alle großen Ideen scheitern an den Leuten.

Bertolt Brecht, deutscher Dramatiker und Lyriker

Ich bin ein Schwamm, denn ich sauge Ideen auf und mache sie nutzbar. Die meisten meiner Ideen gehören ursprünglich anderen Leute, die sich halt nicht mehr die Mühe gemacht haben, sie weiterzuentwickeln.

Thomas Alva Edison, amerikanischer Erfinder

Die Ideen sind nicht für das verantwortlich, was die Menschen aus ihnen machen.

Werner Heisenberg, deutscher Physiker und Nobelpreisträger

Wirklich große Ideen stammen nicht von Komitees, sondern von Einzelnen!

Fred Malik, Unternehmensberater und
Mitbegründer des Management-Zentrums St. Gallen

Einer guten Idee ist es egal, wer sie hat.
(A good idea doesn‘t care where it comes from)

Bill Bernbach, Mitgründer der Werbeagentur DDB

Nichts ist gefährlicher als eine Idee, wenn sie unsere einzige ist.

Emile Chartier, französischer Philosoph

Die Idee ist da, in dir eingeschlossen. Du musst nur den überzähligen Stein entfernen.

Michelangelo, italienischer Bildhauer, Maler, Baumeister und Dichter

Der menschliche Geist kehrt, wenn er von einer neuen Idee gefordert wurde, nie zu seiner Ausgangsposition zurück.

Oliver Wendell Holmes sen., amerikanischer Arzt und Schriftsteller

Ein Mann mit einer neuen Idee ist so lange unausstehlich, bis er der Idee zum Erfolg verholfen hat.

Mark Twain, amerikanischer Schriftsteller

Jedes Mal, wenn wir in der IBM einen Fortschritt gemacht haben, dann geschah das, weil jemand gewillt war, ein Risiko zu übernehmen, seinen Kopf hinzuhalten und etwas Neues auszuprobieren.

Thomas Watson, amerikanischer Geschäftsmann und Gründer von IBM

In dir muss brennen, was du in anderen entzünden willst.

Heiliger Augustinus, bedeutender Kirchenlehrer und Philosoph

Wenn dir jemand erzählt, deine Idee sei verrückt – hör nicht auf ihn.

Michael Dell, Gründer des weltweit zweitgrößten PC-Herstellers Dell Inc.

Es ist unmöglich Staub aufzuwirbeln, ohne dass einige Leute husten.

Erwin Piscator, deutscher Theaterregisseur

Informationen handhaben

In einer Fünftelsekunde kannst du eine Botschaft rund um die Welt senden. Aber es kann Jahre dauern, bis sie von der Außenseite eines Menschenschädels nach innen dringt.

Charles F. Kettering, amerikanischer Industrieller, zuständig für Forschung und Entwicklung bei General Motors

Die Zahl derer, die durch zu viele Informationen nicht mehr informiert sind, wächst.

Rudolf Augstein, deutscher Journalist, Verleger, Publizist und der Gründer des Nachrichtenmagazins „Der Spiegel"

Von mehreren möglichen Auslegungen einer Nachricht ist die unbequemste die einzig richtige.

Quelle: www.projektmanagementzitate.de

……der Grundstoff „Information" ist eine Ressource, die unser an materiellen Rohstoffen armes, an geistiger und technischer Kapazität aber reiches Land großzügig produzieren kann.

Helmut Kohl, Rede des Bundeskanzlers zur Internationalen Funkausstellung in Berlin 1985

Topmanager und Unternehmer haben eine Rechenschaftspflicht gegenüber der Öffentlichkeit. Wir leben in einer Informationskultur, in der man kommunizieren muss.

Gertrud Höhler, deutsche Management- und Kommunikationsberaterin

Information ist Energie. Bei jeder Weitergabe verliert sie etwas davon.

Wolfgang Herbst, deutscher Schriftsteller

Die schriftliche Information ist heute zu einem Produktivitätsfaktor avanciert. Sie hat ihr Ziel verfehlt, wenn sie bei ihren Empfängern nichts auslöst, d. h. keine Reaktion bewirkt.

Günther W. Reichert, Industriepädagoge und Berater für Informationsmarketing

Ein Gramm Information wiegt schwerer als tausend Tonnen Meinung.

Gerd Bacher, österreichischer Journalist

Ein Mensch ohne Informationen kann keine Verantwortung übernehmen; ein Mensch, dem man Informationen zur Verfügung stellt, kann nicht anders, als Verantwortung zu übernehmen.

Jan Carlzon, ehemaliger CEO der Scandinavian Airlines

Gute Informationen sind schwer zu bekommen.
Noch schwerer ist es, mit ihnen etwas anzufangen.

Sir Arthur Conan Doyle, englischer Romanschriftsteller

Knowledge is experience. Everything else is just information.

Albert Einstein, deutscher Physiker

Ein Optimist ist in der Regel der Zeitgenosse, der am ungenügendsten informiert ist.

John Priestley, englischer Schriftsteller

Kompetenz zeigen

Kompetenz zeigt sich in der Praxis.

Projektmanagementweisheit

Die Sozialkompetenz der Unternehmer wird entscheidend dafür sein, ob ein Unternehmen oder eine Nation auf Dauer Erfolg haben.

Wendelin Wiedeking, ehemaliger Vorstandsvorsitzender von Porsche

Beherrsche die Sache, dann folgen die Worte.
(Rem tene, verba sequentur.)

Marcus Porcius Cato, d.Ä., römischer Feldherr, Staatsmann und Historiker

Individuelle Voraussetzung für Kommunikation in Unternehmen ist neben Sachkompetenz zunehmend die soziale Kompetenz...

Gertrud Höhler, aus „Spielregeln für Sieger“, ECON 1992, S. 193

Jeder Mensch sei König in seinem Gewerbe.

Aus dem Arabischen

Kompetenz setzt kontinuierliches Lernen voraus.

Reiner Kreutzmann, aus „Erfolgs-Wissen“

Es gibt Dinge, die man nur versteht, wenn man nicht Fachmann ist.

Helmut Maucher, deutscher Manager, ehemaliger Sprecher des Vorstands der Nestlé

Menschen, die freiwillig auch einen Teil ihrer Freizeit miteinander verbringen, haben im Projekt die größte Problemlösungskompetenz – nicht alleine, aber gemeinsam.

Aus Interviews mit erfahrenen Projektleitern und CIO's [2]

Beim Übergang vom Studium in den Beruf zähle der Mut, „zu denken, zu wagen und zu fragen".

Hans-Georg Gadamer, deutscher Philosoph

Was man zur Effektivität brauche, ist eine durch Übung gewonnene Kompetenz.

Peter F. Drucker, amerikanischer Managementlehrer

Ich kenne niemanden, der für jede Situation Kompetenz besitzt. Also folge ich nur jemandem in bestimmten Situationen – dann nämlich, wenn diese Person eine mir überlegene Kompetenz besitzt.

Bruno Baumann, deutscher Schriftsteller und Filmemacher , aus „Von der Wüste lernen"

Wenn die Menschen nur über das sprächen, was sie begreifen, dann würde es sehr still auf der Welt sein.

Albert Einstein, deutscher Physiker

Es fällt immer auf, wenn jemand über Dinge redet, die er versteht.

Helmut Käutner, Regisseur und Schauspieler

Leistung erbringen

Durch Zutrauen entsteht Leistung.

Johannes Grützke, deutscher Maler und Grafiker

Leistung soll Spaß machen, und zwar nicht erst später, sondern sofort. Wer mehr Spaß an der Arbeit hat, ist präsenter.

Gertrud Höhler, deutsche Management- und Kommunikationsberaterin

Alles, was von einem Samurai verlangt wird, ist, dass er sich voller Lebensenergie fühlt und nicht müde und nachlässig.

Tsunetomo Yamamoto, japanischer Samurai und Autor

Vier Fünftel aller Management-Probleme sind mit Personalproblemen verknüpft. Kleine Eliten müssen Mittelmaß zu überdurchschnittlichen Leistungen anspornen.

Eberhard von Kuenheim, ehemaliger deutscher Manager

Anerkennung ist der Lohn für Leistung.

Marcus Tullius Cicero, römischer Staatsmann

Wir müssen endlich aufhören, Arbeitnehmer für Zeit zu bezahlen, und stattdessen Leistung honorieren.

Heinz Fischer, Europa-Chef Administration, Hewlett-Packard

Nur wer sich selbst das Letzte an Leistung abverlangt, wird über den Durchschnitt hinauskommen.

Boris Becker, ehemaliger deutscher Profi-Tennisspieler

Ein Erzeugnis oder Dienstleistung gilt nur dann als Leistung, wenn es durch seine Zweckeignung einen Bedarf befriedigt, andernfalls liegt eine Fehlleistung vor.

Quelle: COQ-Modulbeschreibung

Wenn ich in 30 Stunden das leisten sollte, wofür mir 40 Stunden nicht ausreichen, dann will ich wenigstens für 60 Stunden bezahlt werden.

Emil Baschnonga, schweizer Aphoristiker

Es gibt Leistung ohne Erfolg, aber keinen Erfolg ohne Leistung.

François VI. Duc de La Rochefoucauld, französischer Moralist

Eine der besten Energiequellen ist Stolz auf die eigene Leistung und das eigene Können.

Leitspruch aus der Broschüre der EVH, Halle

Die Kritik an anderen hat noch keinem die eigene Leistung erspart.

Noël Coward, englischer Dramatiker

Leistung allein genügt nicht. Man muss auch jemanden finden, der sie anerkennt.

Lothar Schmid, deutscher Verleger

Es ist natürlich, dass ein Mensch für überragende Leistungen Anerkennung erwartet.

Aristoteles, griechischer Philosoph

Lernen, der lebendige Prozess

Was man lernen muss, um es zu tun, das lernt man, indem man es tut.

Aristoteles, griechischer Philosoph

Gehen lernt man durch stolpern.

Bulgarisches Sprichwort

Lernen ist wie Rudern gegen den Strom. Sobald man aufhört, treibt man zurück.

Benjamin Britten, englischer Komponist

Ein Pianist lernt nicht aus Büchern, sondern am Instrument – mit viel Üben.

Wolf Prozessmanagement-Training

Derjenige, der Fliegen lernen will, muss erst mal lernen, auf beiden Beinen zu stehen. Man kann nicht mit dem Fliegen anfangen.

Friedrich Nietzsche, deutscher Philosoph

Wer nicht ins Wasser geht, kann auch nicht schwimmen lernen.

Deutsches Sprichwort

Wer sich des Fragens schämt, der schämt sich des Lernens.

Christoph Lehmann, deutscher Schriftsteller und Stadtschreiber in Speyer

Lösungen finden

Das Kunststück ist nicht, dass man mit dem Kopf durch die Wand rennt, sondern dass man mit den Augen die Tür findet.

Georg von Siemens, deutscher Bankier und Politiker

Zeit ist oft Teil einer Lösung, aber nie die Lösung an sich.

Quelle unbekannt

Die Neugier steht immer an erster Stelle eines Problems, das gelöst werden will.

Galileo Galilei, italienischer Physiker und Astronom

Wahre Manager haben für jedes Problem eine Lösung, richtige Juristen für jede Lösung ein Problem.

Frei nach Jean Paul

Wo eine Lösung ist, ist nicht immer ein Problem.

Kalenderspruch

Talente finden Lösungen, Genies entdecken Probleme.

Hans Krailsheimer, deutscher Schriftsteller

Die Lösung ist gut – nur sie passt nicht zum Problem.

Redensart

Suche nicht nach Fehlern, sondern nach Lösungen.

Henry Ford, amerikanischer Automobilindustrieller

Die Lösung ist immer einfach, man muss sie nur finden.

Alexander Solschenizyn, russischer Schriftsteller

Am meisten Energie vergeudet der Mensch mit der Lösung von Problemen, die niemals auftreten werden.

William Somerset Maugham, englischer Dramatiker und Schriftsteller

Wer etwas will – der findet Wege, wer etwas nicht will – der findet Gründe.

Aus einer Rede von Götz Werner, Gründer von dm-drogerie markt, Okt. 2006

Das Problem zu erkennen, ist wichtiger, als die Lösung zu erkennen, denn die genaue Darstellung des Problems führt zur Lösung.

Albert Einstein, deutscher Physiker

6: Lösen Sie Aufgaben und Probleme Stück für Stück!
Aufgaben und Probleme müssen meist zur Bearbeitung und Lösung etwas auseinandergenommen werden. Dabei müssen Sie die einzelnen Teile im Auge behalten und am Schluss wieder zu einem Ganzen zusammenfügen. Das verlangt ein systematisches Vorgehen.

Nick Jenkins, aus „Axiome“: 10 Weisheiten für Projekterfolg

Man ist entweder Teil der Lösung oder Teil des Problems.
Ich habe mich für ersteres entschieden.

Michail Gorbatschow, russischer Politiker

Rat sucht man oft gerade dann, wenn man die einzige Lösung schon kennt, aber nichts davon wissen will.

Erica Jang, weiter Angaben nicht bekannt

Akzeptiere niemals eine kurzfristige Lösung für ein langfristiges Problem.

Daniel S. Peña, Deals and Acquisitions

Ein Pessimist findet zu jeder Lösung das passende Problem

Siegfried W. Kartmann, Zuhörtrainer

Wenn jemand ein Problem erkannt hat und nichts zur Lösung des Problems beiträgt, ist er selbst ein Teil des Problems.

Indisches Sprichwort

Manchmal entsteht das eigentliche Problem erst mit der Lösung.

Klaus Klages, Herausgeber von Klages-Kalender

Big Al's Gesetz:
Eine gute Lösung kann auf praktisch jedes Problem angewandt werden.

Arthur Bloch, aus „Schiefe Gründe – Murphy's Gesetz"

Herpens Gesetz:
Die Lösung eines Problems besteht darin, jemanden zu finden, der das Problem löst.

Aus Murphy's Naturgesetze

Zur Lösung von Problemen hat jede beteiligte Person mindestens einen Plan, der nicht funktioniert.

Aus Murphy's Naturgesetze

Motivieren können

Menschen kann man nicht auf Dauer mit Angst motivieren, sondern mit Zielen und persönlicher Anerkennung.

Aus ›Strategie 2000‹, „Starke Worte für starke Zeiten“,
Millennium Vision Medien GmbH

Wie viel besser wäre es um uns bestellt, ließe sich Motivation ebenso leicht erregen wie Neid.

Lothar Schmidt, deutscher Politologe, Jurist und Aphoristiker

Der Geist des Menschen ist kein Behälter, der gefüllt, sondern ein Feuer, das entfacht werden muss.

Plutarch, griechischer Schriftsteller und Philosoph

Chef ist nicht der, der etwas tut, sondern der das Verlangen weckt, etwas zu tun.

Edgar Pisani, französischer Politiker

Die einzige Möglichkeit, Menschen zu motivieren, ist die Kommunikation.

Lee Iacocca, ehemaliger amerikanischer
Topmanager in der Automobilindustrie

Sag es mir, und ich werde es vergessen.
Zeige es mir, und ich werde mich daran erinnern.
Beteilige mich, und ich werde es verstehen.

Laotse, chinesischer Philosoph

MOTIVATION DURCH ERFOLG

Gibt es etwa eine bessere Motivation als den Erfolg?

Ion Tiriac, ehemaliger Trainer von Boris Becker

Die meisten Führungskräfte zögern, ihre Leute mit dem Ball laufen zu lassen, aber es ist erstaunlich, wie schnell ein informierter und motivierter Mensch laufen kann.

Lee Iacocca, ehemaliger amerikanischer
Topmanager in der Automobilindustrie

Mein großer Motivator ist der Spaß an der Arbeit, am Erfolg.

Siegfried Luther, deutscher Topmanager, Finanzvorstand Bertelsmann

Lob ist wie Champagner. Beides muss serviert werden, solange es noch perlt.

Aus „Sprüche der Deutschen Eisenbahnreklame GmbH“

Man muss mit den richtigen Leuten zusammenarbeiten, sie achten und motivieren. Dauerhafter Erfolg ist nur im Team möglich.

Klaus Steilmann, Geschäftsführer der
Steilmann GmbH & Co. KG, Bochum-Wattenscheid

Wenn Sie jemand loben wollen, dann tun Sie es schriftlich. Wenn sie ihn zusammenscheißen wollen, tun Sie es am Telefon.

Lee Iacocca, ehemaliger amerikanischer
Topmanager in der Automobilindustrie

Eine mächtige Flamme entsteht aus einem winzigen Funken.

Dante Alighieri, italienischer Dichter

Präsentieren können

Das menschliche Gehirn ist eine große Sache. Im Augenblick der Geburt beginnt es zu arbeiten und hört nicht damit auf, bis Du Dich erhebst, um eine Rede zu halten.

Aus Readers Digest „Lampenfieber"

Der einst an seinen Freund schrieb: „Ich habe nicht Zeit gehabt, mich kürzer zu fassen", wusste, dass in der Kunst der Darstellung nicht das Viele, sondern das Wenige schwer ist.

Joachim Johann Winckelmann, deutscher Archäologe und Kunstgelehrter

Augen überzeugen besser als Ohren.

Aus „Eisherz und Edeljaspis", ein chinesischer Liebesroman des 17. Jahrhunderts

Wer nicht überzeugen kann, sollte wenigstens Verwirrung stiften.

Deutsches Sprichwort

Eine Präsentation ist ein Kunstwerk, bei dem drei Elemente zusammenwirken, die Folien, das was dazu gesagt wird und die Bewegung desjenigen, der präsentiert...

Tomas Bohinc, aus „Blog-Soft Skills im Projektmanagement"

Das Podium ist eine unbarmherzige Sache. Da steht der Mensch nackter als im Sonnenbad.

Kurt Tucholsky, deutscher Schriftsteller

Bill Gates hat bei Besprechungen seine Mitarbeiter gerne mit dem Standardsatz „That's the stupidest thing I ever heard!" abgekanzelt. Der Microsoft-Manager Chris Peters sagte daraufhin einmal zu ihm, er soll sich doch langsam einen neuen Spruch einfallen lassen. Gates zögerte nicht. Mitarbeitern, die eine langweilige Projektvorstellung ablieferten, stellt er seither gerne die Frage: „Do we actually pay you?"

Gisela Fichtl, „Zitate für Beruf und Karriere", Haufe 2007, S. 55

Der Zuhörer ist nur dann wirklich gewonnen, wenn er liebt, was du versprichst, fürchtet, was du androhst, hasst, was du anklagst, gern tut, was du empfiehlst, bedauert, was du bedauernswert nennst.

St. Augustinus Aurelius, abendländischer Kirchenvater, Lehrer der Rhetorik und Philosoph

Steve Jobs, CEO von Apple, gestaltet jede Präsentation wie eine kleine Show. Nach einem dramatischen Beginn folgt die Produktpräsentation. Nach einem großen Schluss folgt immer auch noch eine Zugabe. Die Verkaufszahlen von Apple zeigen, dass seine Präsentationen nicht wirkungslos bleiben...

Tomas Bohinc, aus „Blog-Soft Skills im Projektmanagement"

Bewahre mich vor der Aufzählung endloser Einzelheiten und verleihe mir Schwingen, zur Pointe zu gelangen.

Theresia von Avila, spanische Mystikerin und Klostergründerin

Strategie anwenden

Übrigens: Strategie ist, wenn man keine Munition mehr hat, aber trotzdem weiterschießt, damit der Feind nichts davon merkt.

Verfasser unbekannt, gefunden bei zitate.de

Strategie ist die Kunst, zu gewinnen, Menschen und Unternehmungen zum Sieg, zum Erfolg zu führen.

John Naisbitt (zugeschrieben), amerikanischer Zukunftsforscher

Wir haben eine klare Vision: Leidenschaft für den Sport!
Und wir haben eine klare Strategie: Weltmarktführer werden.

Herbert Hainer, Adidas-Vorstandsvorsitzender

Das Geheimnis auch der großen und umwälzenden Aktionen besteht darin, den kleinen Schritt herauszufinden, der zugleich auch ein strategischer Schritt ist, indem er weitere Schritte einer besseren Wirklichkeit nach sich zieht.

Gustav Heinemann, ehemaliger Bundespräsident

Die vier Leitsätze der Strategie: Fragen stellen, Klarheit schaffen, Professionalität beweisen, Lernen.

Martin Puscher, aus einem PM-Meeting bei Actebis

Die besten Strategien entstehen, wenn man sich Zeit nimmt.

Aus der Werbung der BW Bank, 2006

Unternehmenskultur (vor)leben

Projektmanagement muss vielmehr als Werte- und Handlungssystematik in Breite und Tiefe in der Organisation verankert werden und insofern viel stärker zum Kulturelement werden als bisher.

Aus einer Präsentation von Fraport AG, Frankfurt

„Kultur ist alles, was in einer Firma läuft“

Terry Deal, amerikanischer Lehrer und Autor

Projektarbeit verändert die Kultur im Unternehmen.

Projektmanagement-Erfahrung

Unternehmenskultur ist das von den Mitarbeitern anerkannte Werte- und Zielsystem eines Unternehmens.

Dr. Gerhard Rübling, Geschäftsführer Trumpf GmbH & Co. KG, Ditzingen

Selbst gute etablierte Methoden können Kultur nicht ersetzen.

Projektmanagement-Erfahrung

Unternehmenskultur selbst ist nicht messbar, aber ihre Ausdrucksformen sind sehr wohl beobachtbar.

Edgar H. Schein, Personalwirtschaftsprofessor
am Massachusetts Institut of Technology (MIT)

Eine Kultur ist nur langfristig gestaltbar.

Projektmanagement-Erfahrung

Mit einer guten Projektkultur werden auch die schwierigsten Projekte effektiv abgewickelt.

Aus einem Projekleiterfragebogen

Unternehmenskultur ist die Menge der Gewohnheiten, in der sich ein Unternehmen von seiner Umgebung unterscheidet. Umgebung kann dabei die eigene Branche, aber auch die Industrie insgesamt oder die umgebende Gesellschaft sein.

Winfried Berner, Experte für Change Management

Mit der Unternehmenskultur wird die Basis für die Umsetzung der Kommunikationsstrategie geschaffen.
Unternehmenskultur ist Kommunikationskultur…

Gertrud Höhler, aus „Spielregeln für Sieger", ECON 1994, S. 237

Wenn die Sonne der Kultur niedrig steht, werfen selbst Zwerge einen Schatten.

Karl Kraus, österreichischer Schriftsteller

Kultur hängt davon ab, wie die Menschen gelernt haben, miteinander umzugehen.

Alexander Mitscherlich, deutscher Psychoanalytiker und Schriftsteller

Unsere Kultur ist wirklich fortgeschritten, wir fressen einander nicht, wir schlachten uns bloß.

Georg Christoph Lichtenberg, deutscher Schriftsteller

Verhandeln können

Wer verhandelt, muss nicht nur die andere Seite überzeugen, sondern auch das eigene Publikum.

Simon Peres, israelischer Politiker und Friedensnobelpreisträger

Verhandeln ist nicht die schlechteste Form des Handelns.

William Rogers, amerikanischer Humorist

Faires Verhandeln heißt Geben und Nehmen mit dem Vertrauen, ein für beide Seiten akzeptables Ergebnis zu erzielen. Diese Strategie nennt man auch die Win-Win-Strategie.

Quelle: verhandlungstraining-managementtraining.de

Man kann nicht erwarten, dass ein rundlicher Mann gleich in ein viereckiges Loch passt. Man muss ihm Zeit geben, sich anzupassen.

Mark Twain, US-amerikanischer Schriftstelle

Wenn man einem Menschen trauen kann, erübrigt sich ein Vertrag. Wenn man ihm nicht trauen kann, ist ein Vertrag überflüssig.

Jean Paul Getty, US-amerikanischer Industrieller

Ein Kompromiss ist die Kunst, einen Kuchen so zu teilen, dass jeder glaubt, er habe das grösste Stück bekommen.

Ludwig Erhard, Bundeskanzler, Vater des deutschen Wirtschaftswunders und der sozialen Marktwirtschaft

Ein Kompromiss ist nur dann gerecht, brauchbar und dauerhaft, wenn beide Parteien damit gleich unzufrieden sind.

Henry Kissinger, amerikan. Politiker, 1973 Friedensnobelpreis

Wenn ich an den Verhandlungstisch komme, sage ich: „Jetzt will ich Ihnen einmal Ihre Interessen vortragen.“ Und dann erkläre ich präzise deren Interessen. Und dann frage ich zur Sicherheit, ob ich alles richtig verstanden habe. Erst wenn das der Fall ist, erkläre ich meine Interessen.

Werner Wischnewski, aus einem Interview mit Reinhold Beckmann

Man muss schon etwas wissen, um verbergen zu können, dass man nichts weiß.

Marie von Ebner-Eschenbach, österreichische Schriftstellerin

Aufschub ist die tödlichste Form der Ablehnung.

Cyril Northcote Parkinson, britischer Historiker und Publizist

Wenn die Seele erst einmal zum Argwohn gespannt ist, so trifft sie auch in allen Kleinigkeiten Bestätigungen an.

Ludwig Tieck, deutscher Schriftsteller

Es genügt nicht, dass man zur Sache spricht; man muss zu den Menschen sprechen.

Stanislaw Jerzy Lec, polnischer Lyriker und Aphoristiker

Was man nicht bespricht, das bedenkt man auch nicht recht.

Johann Wolfgang von Goethe, deutscher Dichter

Wir können nicht mit Leuten verhandeln, die sagen: "Was mein ist, ist mein; und was dein ist, ist Verhandlungssache."

John F. Kennedy, 35. Präsident der Vereinigten Staaten

Ein Abschluss ist kein Abschluss, sondern der Anfang einer Geschäftsbeziehung.

Jürgen Fuchs, aus "Das Märchenbuch für Manager" FAZ-Buch, S.251

Der Horizont vieler Menschen ist ein Kreis mit Radius Null, und das nennen sie ihren Standpunkt.

Albert Einstein, deutscher Physiker

Je leichter es ist, etwas zu versprechen, umso schwerer ist es dann zu halten.

Laotse, chinesischer Philosoph

Schlechte Argumente bekämpft man am besten, indem man ihre Darlegung nicht stört.

Sir Alec Guinness, britischer Schauspieler

Es ist Unsinn, Türen zuzuschlagen, wenn man sie angelehnt lassen kann.

J. William Fulbright, amerikanischer Politiker

Und allzu straff gespannt, zerspringt der Bogen.

Friedrich von Schiller, deutscher Dichter

Wer wahre Worte spricht, der braucht nicht zu argumentieren; wer argumentieren muss, der spricht keine wahren Worte.

Laotse, chinesischer Philosoph

Verantwortung übernehmen

Man darf niemandem seine Verantwortung abnehmen, aber man soll jedem helfen, seine Verantwortung zu tragen.

Heinrich Wolfgang Seidel (zugeschrieben),
deutscher evangelischer Theologe und Schriftsteller

Wir sind nicht nur für das verantwortlich, was wir tun, sondern auch für das, was wir nicht tun.

Molière, französischer Dichter und Schauspieler

Der Preis der Größe heißt Verantwortung.

Winston Churchill, englischer Politiker

Du bist nicht für das Universum verantwortlich: du bist verantwortlich für dich selbst.

Arnold Bennett, englischer Schriftsteller

Wenn alle für alles verantwortlich sind, ist in Wahrheit niemand verantwortlich.

Richard Schröder, deutscher Philosoph und evangelischer Theologe

Ich mag handgreifliche Verantwortung.

Lee Iacocca, ehemaliger amerikanischer
Topmanager in der Automobilindustrie

Einen Rat befolgen heißt, die Verantwortung verschieben.

Johannes Urzidil, österreichisch-tschechoslowakischer Schriftsteller

Wissen aneignen

Es ist nicht genug zu wissen; man muss es auch anwenden.
Es ist nicht genug zu wollen; man muss es auch tun.

Johann Wolfgang von Goethe, deutscher Dichter

Nicht auf Wissen kommt es im Leben an, sondern auf Taten.

Thomas Henry Huxley, britischer Biologe

Es ist keine Schande, nichts zu wissen, wohl aber nichts lernen zu wollen.

Sokrates, griechischer Philosoph

Menschliches Irren: Nicht das, was wir nicht wissen, bringt uns zu Fall, sondern das, was wir fälschlicherweise zu wissen glauben.

Tom DeMarco, aus „Der Termin“, Hanser 1998, S. 212

Wissen ohne Ordnung ist Hausrat auf einem Leiterwagen.

Jakob Lorenz, schweizer Landschaftsmaler & Kupferstecher

Ich habe sechs Bedienstete, die mich alles gelehrt haben, was ich weiß. Ihre Namen sind: Was, Warum, Wann, Wie, Wo und Wer.

Joseph Rudyard Kipling, britischer Schriftsteller

Das Wissen hat bittere Wurzeln, aber seine Früchte sind süß.

Marcus Porcius Cato, d.Ä., römischer Feldherr, Staatsmann und Historiker

Wissen ist ein Schatz, der seinen Besitzer überallhin begleitet.

Aus China

Eine Investition in Wissen bringt noch immer die besten Zinsen.

Benjamin Franklin, nordamerikanischer Politiker und Erfinder des Blitzableiters

Kein Mitarbeiter braucht wirklich Wissensmanagement – die Firma braucht es.

Uwe Trillitzsch, Siemens

Wissen ist wenig; im rechten Bezug wissen ist viel, im rechten Punkt zu wissen ist alles.

Hugo von Hofmannsthal, österreichischer Schriftsteller

Nicht das Fachwissen ist der künftige Engpass, sondern die Fähigkeit, effizient und kreativ zu denken.

Quelle: spruecheportal.de/managementweisheiten

Kenntnisse bloß zu sammeln, ist genauso schlecht wie Geld zu horten. Auch Wissen will umgesetzt sein

Robert Lee Frost, amerikanischer Dichter

Die Vorstellungskraft ist wichtiger als das Wissen.

Albert Einstein, deutscher Physiker

Wissen ist wissen, Nichtwissen ist nicht wissen. Das ist Wissen.

Konfuzius, chinesischer Philosoph

Wir alle wissen mehr als das, wovon wir wissen, dass wir es wissen.

Thornton Wilder, amerikanischer Schriftsteller

Zitaten-Schluss

So eine Arbeit wird eigentlich nie fertig, man muss sie für fertig erklären, wenn man nach Zeit und Umständen das Mögliche getan hat.

Johann Wolfgang von Goethe, deutscher Dichter

Stichwortverzeichnis

www-Adressen und Quellen, die weiterhelfen

aphorismen.de

Sehr umfangreiche Sammlung von Aphorismen und Zitate zu diversen Kategorien. Suche nach Thema, Autor oder Textstellen ist möglich.

sinnsprueche.de

Der Herausgeber präsentiert jeden Sonntag eine kleine, bewusste Sammlung handverlesener Spruch-Perlen und tiefer Weisheiten.

spruecheportal.de

Das Sprücheportal bietet Sprüche, Aphorismen, Zitate, Verse, Weisheiten, Gedichte, Bonmots, Stilblüten usw. zu verschiedensten Themen, Gelegenheiten und Zeiten an.

zitate.at

Eine der größten Zitatendatenbanken mit rund 200.000 Zitaten. Teils kostenlos, teils entgeltpflichtig.

zitate-datenbank.service-itzehoe.de

Über 10 000 Sprüche und Zitate und Aphorismen von über 1200 Autoren.

zitate-welt.de

Zitatensuchmaschine für Zitaten, Aphorismen und Sprüche. Darüber hinaus gibt es auch noch die Kategorien für Gedichte und Witze.

zitate.net

Diese Website bietet neben Deutsch auch eine Zitatenwelt in Englisch, Französisch und Spanisch an.

zitate.eu

200.000 Zitate, Sprüche und Aphorismen mit 20.000 Autoren und berühmte Personen in Deutsch, Englisch, Französisch und Latein. Mit einem Kostenlos- und einem Premium-Bereich.

zitate.de

Sehr umfangreiche Datenbank. Enthält speziell für Redner recherchierte Zitate.

Es gibt natürlich auch Humor und Zitate zu Projekt- und Management. Zum Beispiel:

- projektmanagementzitate.de
- projektmanagementkatalog.de/verschiedenes
- spruecheportal.de/managementweisheiten

Quellen

[1]project-training-uk.freeserve.co.uk/Page 1: „Project Management Truths“

[2]Interviews mit erfahrenen Projektleitern und CIO's aus Klaus Spiegl, Masterarbeit „Projektmanagement Life-Best Practices und Significant Events im Software Projektmanagement“, 29.01.07, Wien

Anmerkungen

Alle Sprüche, Zitate etc. in diesem Buch stammen zum einen aus der Sammlung eigener Projektmanagementpraxis und zum anderen aus Zeitungen, Zeitschriften, anderen Printmedien und dem Internet und wurden in der Form, in der sie in den vorgenannten Quellen benutzt wurden, aufgenommen.

Trotz sorgfältiger Recherche kann weder der Autor noch der Herausgeber für die Angaben in diesem Buch eine Haftung übernehmen.

Bei allen Texten ohne Angabe des Verfassers ist mir dieser leider unbekannt, aber gerne füge ich ihn hinzu, wenn ich einen Hinweis bekomme.

Haben Sie weitere Zitate, Sprüche oder Texte, die zu dem Projektmanagementleben passen, dann nehme ich sie gerne in die Sammlung mit auf: pm.hid@t-online.de

Danke!

Über den Autor

Dipl.-Inform. Dieter Hirsch sammelte bei der IBM Deutschland GmbH langjährige und umfassende Erfahrung in Planung und Implementierung von Projekten mit Kunden in Industrie und öffentlicher Verwaltung. Er führte lange Jahre als IBM Certified Senior Project Manager den Projektmanagement Circle der IBM Deutschland GmbH und prägte mit der Herausgabe eines PM-Handbuches entscheidend die Projektmanagementkultur. Seine fachlichen Schwerpunkte sind Projektmanager-Qualifizierung und methodische Vorgehensmodelle im Projektmanagement. Dieter Hirsch ist Mitglied der GPM Deutsche Gesellschaft für Projektmanagement e.V. Heute ist er freiberuflich mit Project.Management.Services unterwegs. Zitate und Sprüche zu und aus dem Projektmanagementleben sind seine persönliche Leidenschaft, der er mit dieser Sammlung jetzt nachgehen konnte.

Erik Liebermann arbeitet seit 1975 hauptberuflich als Cartoonist für Zeitungen, Zeitschriften, Buchverlage, Behörden, Verbände, Firmen und für die Werbung. Er ist für seine unverwechselbaren Cartoons bekannt, in denen er in humorvoller Art die Situationskomik mit feinem Strich festhält. Jährlich finden mehrere Einzelausstellungen mit seinem Originalen statt, die durch Collagen und Zusatzeffekte über den Bereich der reinen Graphik hinausgehen.